软件仿真项目分析与设计

代 劲 张 鹏 主编

科 学 出 版 社

北 京

内 容 简 介

本书内容围绕软件系统分析与设计目标，选取在线相册管理、婚庆管理和社团管理三个贴近日常生活、具有一定实际应用意义的案例，按照软件开发流程进行内容设计，涵盖软件需求分析、系统设计、数据库设计、原型设计、代码编写、系统测试等流程，力求帮助学生熟悉软件项目开发过程，掌握软件开发技术，初步具备独立设计和开发软件工程项目的能力。

本书内容具有较强的实践操作性，适合具有一定软件分析与设计基础知识的人员阅读，可作为高等学校计算机或软件工程相关专业开发平台课程的实训教学辅助书籍。

图书在版编目(CIP)数据

软件仿真项目分析与设计 / 代劲, 张鹏主编. — 北京：科学出版社, 2021.5

ISBN 978-7-03-067929-1

Ⅰ. ①软… Ⅱ. ①代… ②张… Ⅲ. ①软件仿真–系统分析②软件仿真–软件设计 Ⅳ. ①TP391.9

中国版本图书馆 CIP 数据核字 (2021) 第 015097 号

责任编辑：李小锐 / 责任校对：彭　映
责任印制：罗　科 / 封面设计：墨创文化

科 学 出 版 社 出版

北京东黄城根北街16号
邮政编码：100717
http://www.sciencep.com

成都锦瑞印刷有限责任公司印刷

科学出版社发行　各地新华书店经销

*

2021 年 5 月第 一 版　　开本：787×1092 1/16
2021 年 5 月第一次印刷　　印张：11 3/4
字数：272 000

定价：52.00 元
(如有印装质量问题，我社负责调换)

前　　言

21 世纪的第二个十年已经翻页，纵观人类社会科技发展，传统产业与新经济呈加速融合发展态势，以互联网、大数据、云计算、物联网、人工智能为引领的信息技术应用和创新日益活跃。软件产业是信息技术产业的核心内容，软件技术是新一轮工业革命的核心竞争力之一，伴随着互联网尤其是移动互联网的深入普及，互联网行业呈日新月异的发展态势。

随着软件行业的快速发展和社会经济结构的调整，对软件人才的需求越来越迫切。软件工程专业是培养软件人才的重要渠道，毕业生广泛分布在各大软件公司、高等院校、研究所、国防工业部门等从事软件设计、开发、应用与研究。近年各种调查显示，软件工程就业率及就业工资水平均居高校各专业前列，对软件人才的需求保持着每年 20%的速度递增。在中国 IT 职场十大人气职位中，软件工程师位列前茅，其就业前景十分乐观。

重庆邮电大学软件工程学院作为国家级软件工程卓越工程师培养单位、重庆市首家示范性软件学院，一直致力于培养高级软件工程人才，确立了"软件+行业+外语"的工程型、国际化人才培养思路，实行"3+1"（三年校内学习，一年企业仿真项目综合实训）的人才培养模式。学院在办学过程中，坚持强化行业互动、努力发挥企业在工程教育中的重要作用，先后与惠普、微软、甲骨文、东软等行业内一批知名企业建立了广泛的产学研合作关系，构建了惠普软件学院、微软 IT 学院等协同育人平台，形成了较为完备的工程实践体系，符合培育创新型工程人才的需求。

本书是学院与软件企业合作开展工程教育的阶段性成果，由来自武汉软酷网络科技有限公司的具备丰富软件分析设计经验的企业技术专家与高校专业教师组成编写团队，共同完成针对软件工程专业综合实训仿真项目的建设任务。团队围绕企业一线实际开发项目进行了大量分析研究，设计和选取了适合学生专业实训的工程案例，形成了校企特色相互融合的软件实训教学方案。本书主要为经过软件分析与设计相关知识学习、已经具备一定理论和技术基础的学生进行企业仿真项目案例设计使用，帮助学生进一步了解软件工程开发过程，掌握软件开发技术，初步具备独立设计和开发软件工程项目的能力。

本书在创作过程中，得到重庆市特色学科专业群(软件工程专业)、重庆市教学改革研究项目(183011)的大力支持，在此表示衷心的感谢。本书包含诸多技术细节，作者虽做出了很大努力，但疏漏在所难免，敬请广大读者批评指正。

目　　录

第 一 部 分

项目必备基础知识

计算机软件(以下简称软件)指按照特定顺序组织的系列计算机数据和指令的集合,分为系统软件、嵌入式软件(实时)、应用软件(科学和工程计算软件、事务处理软件、人工智能软件等)。软件不只包括可以在计算机上运行的程序,与其相关的文档一般也被认为是软件的一部分。

软件的分析与设计包含用户需求提出、功能设计、代码实现、软件测试及部署等诸多环节,根据行业认可的软件能力成熟度模型集成(capability maturity model integration for software,CMMI)定义,软件分析与设计主要包括以下几个部分。

(1)需求分析:了解用户需求,通过对需求的合理分析确定软件应当包含的功能,以此作为设计过程中的目标和准则。

(2)系统设计:针对需求分析,进行概要设计、详细设计。概要设计主要是对软件系统的整体设计进行考虑,包括系统的基本处理流程、系统的组织结构、模块划分、功能分配、接口设计、运行设计、数据结构设计和出错处理设计等,为软件的详细设计提供基础;详细设计是描述实现具体模块所涉及的主要算法、数据结构、类的层次结构及调用关系,需要说明软件系统各个层次中每一个程序的设计考虑,以便进行编码和测试。

(3)软件编码:软件系统实现是在软件分析结束后,将软件详细设计进行计算机代码实现的过程。此部分需要根据用户的特定需求,选择适当的编程语言、软硬件环境。

(4)软件测试:对软件进行可行性试验,观察其是否符合需求说明书中的各项条件要求,同时检测是否存在设计或者系统中的错误。

(5)验收部署:准备软件分析设计全过程的各类文档,撰写用户使用手册;进行功能、性能、可用性审查,提交用户验收。

1 软件分析与设计基础

1.1 软件分析建模工具

软件分析使用的建模工具主要为统一建模语言(unified modeling language,UML)。UML 是面向对象的统一建模语言,广泛支持模型化和软件系统开发的图形化,为软件开发的所有阶段提供模型化和可视化支持,包括由需求分析到规格,到构造和配置。UML 主要通过图形化的方式进行软件系统分析,按照分析对象使用场景及特点,有结构型图与行为型图两类。

1. 结构型图

分析系统需求时,众多业务概念及其概念之间的联系以及软件设计中的类、构件可以看成是"静态"的,可以利用 UML 的结构型图来设计。

UML 中的结构型图主要有类图、对象图、包图、组件图、部署图。

2. 行为型图

软件业务中涉及大量的流程、过程等,以及软件如何和用户交互,类、构件、模块之间如何联系等"动态"内容,可以利用 UML 的行为型图来设计。

UML 中的行为型图主要有用例图、时序图、协作图、状态图、活动图。

1.2 需 求 分 析

需求分析指开发人员根据任务书深入了解用户要求实现的功能,从而解决系统要"做什么"的问题,需要用户和分析人员共同参与完成。此过程需要将采集到的需求数据通过分析制定出书面化的需求定义,为后续软件的设计提供基础指南。从内容上看,需求分析包括功能性需求(软件所需的各种功能)、性能需求(硬件配置、网络配置)、可靠性和可用性需求(效率及性能要求)、接口需求(应用系统及其数据格式要求)等。

1.2.1 功能性需求分析

功能性需求分析是需求分析中最重要的内容,指使用者对软件的不同需求,即软件要实现的各项功能,包含用户、操作过程、输入输出数据和规则等。以软件系统功能性需求分析为例,其主要流程如下。

(1)业务用例分析。业务用例是着眼于某一个具体的业务原型(如需要开发一个供销售部门使用的系统，那么这个业务用例仅关注销售部门业务），针对某个具体业务进行的需求分析过程（图 1.1）。

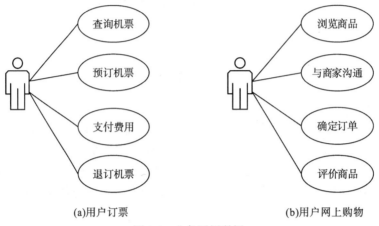

(a)用户订票　　　　(b)用户网上购物

图 1.1　业务用例举例

　　(2) 系统用例分析。针对业务用例，对其中的核心业务按每个业务场景进行进一步分析，即通过业务用例，画出核心业务的系统用例。系统用例是指从系统建设的角度对需求实现的多种形式分析，如图 1.2 所示。

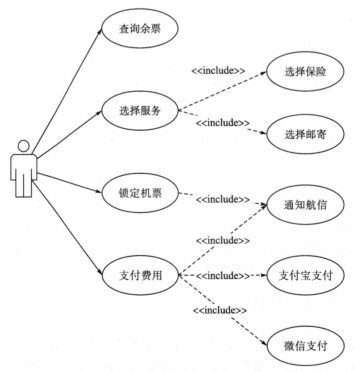

图 1.2　购买机票业务场景系统用例图

　　(3)用例规约分析。对每个系统用例，使用系统用例规约进行逐个描述。用例规约是指完成某一业务的流程以及其中所要达到的条件, 包括用例名称、用例描述、执行者、前置条件、后置条件、流程描述等。以教师调课申请及审核为例, 规约见表 1.1。

表 1.1 教师调课申请及审核规约表

用例规约	说明
用例名称	教师调课申请及审核
用例描述	教师在教学过程中, 因教学安排冲突、教学条件变化无法正常上课、自身特殊原因等, 可以申请调整课程教学任务。教务管理人员根据培养方案、课程类型特点、课程排课情况、调课原因等进行处理。符合调课条件的, 予以调课, 否则退回教师调课申请, 课程安排不予改变
执行者	教师、教务管理员
前置条件	1. 教师承担了该课程的教学任务 2. 提供了课程调课申请必要的信息 3. 该教师针对该课程没有其他调课申请
后置条件	1. 成功完成教师调课申请处理 2. 成功更新教师课表任务 3. 成功更新学院专业课表
流程描述	1. 教师填写调课申请单, 教师所在学院进行初步审核 2. 调课申请初审通过, 提交至学校教务管理员; 否则执行异常过程 1 3. 教务管理员根据培养方案、课程类型特点、课程排课情况、调课原因等进行复审, 存在两个分支过程: 一个是教务部门领导审核申请调课原因; 另一个是学校卫生部门审核申请调课原因。两个分支过程并行进行, 若两个分支过程审批都同意, 执行 4; 若其中一个或两个分支过程审批都不同意, 执行异常过程 2 4. 教务管理员对申请课程进行调课处理, 明确调整方式、调整时间及结果 5. 教务管理员更新教师课表、院系课表, 将调课记录进行归档 6. 通知学院及调课教师调课安排
分支过程描述	1. 教务部门领导审核教师因私出差等特殊事项 2. 学校卫生部门审核教师因身体原因事项
异常过程描述	1. 不符合调课条件, 学院归档申请记录, 停止申请过程, 用例结束 2. 教务部门或卫生部门审核不同意, 归档申请记录, 停止申请过程, 用例结束

1.2.2 非功能性需求分析

需求分析中的非功能性需求分析包括性能需求分析(该系统要承担的并发性能、多模块等要求)、接口需求分析(该系统内部、外部的接口及要求)、安全需求分析(该系统加密、预防攻击等安全类要求)、易用性需求分析(该系统界面易用性要求)、其他需求分析(可维护性、可扩展性、可移植性等要求)。

1.3 系 统 设 计

系统设计是根据需求分析结果形成软件的具体设计方案的过程, 即在明确软件是"做什么"的基础上, 解决软件"怎么做"的问题。

系统设计包括概要设计和详细设计两个部分。其中, 概要设计主要是对软件系统的整体设计进行考虑, 主要任务是把需求分析阶段得到的系统扩展用例图转换为软件结构和数据结构。概要设计主要包括系统的基本处理流程、系统的组织结构、模块划分、功能分配、接口设计、运行设计、数据结构设计和出错处理设计。详细设计主要是进行各模块内部的具体设计，其任务是为软件结构图中的每一个模块确定实现的算法和局部数据结构，并用某种工具描述出来。详细设计是描述实现具体模块所涉及的主要算法、数据结构、类的层次结构及调用关系，需要说明软件系统各个层次中每一个程序的设计考虑，以便进行编码和测试。

总的来说，概要设计里的功能设计重点在功能描述，对需求的解释和整合，整体划分功能模块，并对各功能模块进行详细的图文描述，让读者大致了解系统完成后的结构和操作模式。详细设计的重点在描述系统功能的具体实现方式，详细说明实现各模块功能所需的类及具体的方法函数，包括涉及的各种数据库操纵语句等。

1.3.1 概要设计

概要设计(静态结构)的目标是将软件需求转化为数据结构和软件的系统结构，在此过程中需要划分系统的各种物理元素，包括程序、数据库、过程、文件等。概要设计的重点在于说明系统模块划分、选择的技术路线等，整体说明软件的实现思路，并且需要指出关键技术难点等。在概要设计过程中，需要遵循先进性与实用性、可靠性与开放性、可维护性与可伸缩性、可移植性原则。概要设计的主要内容如下。

1. 设计规范

设计规范包括代码规范、软硬件接口标准、设计文档编制标准、命名规则等。

2. 体系结构设计

体系结构设计即架构设计，如 C/S、B/S 架构等。架构设计通常用于描述系统的整体架构，包含体系架构、功能架构等，重点在于阐述和强调系统的创新点。一般围绕表示层、业务层、数据层三层架构思想进行表述(图 1.3)。

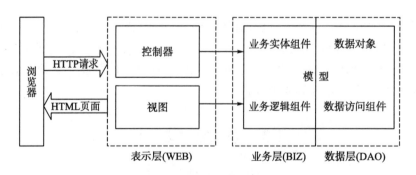

图 1.3　基于浏览器的应用体系结构

3. 功能设计

功能设计即根据用户需求从功能上进行模块划分。一个图书管理信息平台的功能设计如图 1.4 所示。

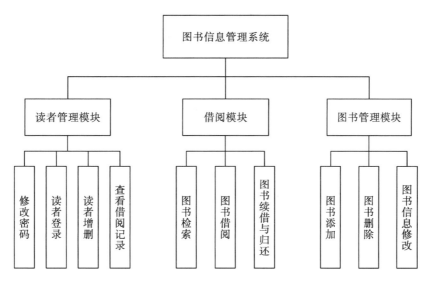

图 1.4　图书管理平台功能设计

4. 数据结构与算法设计

数据结构与算法设计：设计系统中数据表示及其相关的操作，包括文件系统结构(输入输出文件)等。

5. 数据库设计

数据库设计是指根据用户的需求，在某一具体的数据库管理系统中，设计数据库的结构和建立数据库的过程。结合数据库及应用程序的使用与开发需要，通常把数据库设计分成需求分析、概念结构设计、逻辑结构设计、物理结构设计、数据库管理系统选择、数据库设计工具选择等几个阶段。其中，概念结构设计是整个设计的核心部分。

1)概念结构设计

概念结构设计通常使用 E-R 图(entity-relationship diagram)进行建模，其目的在于抽象出现实的数据结构的客观规律。一个基本的 E-R 模型包含三类元素：实体、关系、属性。

(1)实体(entities)。实体是首要的数据对象，常用于表示一个特定概念或事件。实体用长方形框表示，其名称标识在框内。

(2)关系(relationships)。关系表示一个或多个实体之间的联系。关系依赖于实体，一般没有物理概念上的存在。关系用菱形表示，其名称一般为动词。

(3)属性(attributes)。属性为实体或关系提供详细的描述信息。一个特定实体的某个属性被称为属性值。属性一般以椭圆形表示，并与描述的实体连接。

一个典型的 E-R 图如图 1.5 所示。

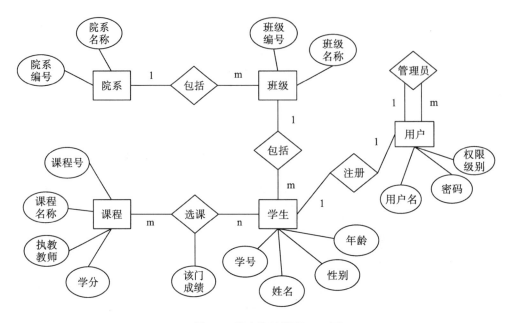

图 1.5　学生修读课程 E-R 图

2) 逻辑结构设计

逻辑结构设计主要指将 E-R 图中的实体、属性和联系转换成关系模式的过程。逻辑结构与具体的数据库管理系统(database management system，DBMS)无关，主要反映业务逻辑。以图 1.5 中的"学生""课程"实体为例，可得到如下关系模式：

学生(学号、姓名、性别、年龄)

课程(课程号、课程名称、执教教师、学分)

3) 物理结构设计

物理结构设计主要包括数据库产品的确定、数据库实体属性(字段)、数据类型、数据长度、数据精度确定、DBMS 页面大小等存储结构与存取方式。物理结构依赖于给定的 DBMS 及硬件系统，设计人员必须充分了解所用 DBMS 的内部特征、存储结构和存取方法。

以图 1.5 中的"学生"实体为例，其物理结构设计见表 1.2。

表 1.2　"学生"实体物理表(数据库表)设计

字段	数据类型及长度	是否主键	是否为空	备注	取值域
SNo	char(10)	是	否	学号	
SName	varchar(20)	否	否	姓名	
SSex	char(2)	否	否	性别	'男' 或 '女'
SAge	tinyint	否	否	年龄	

4) 数据库管理系统选择

数据库是一个长期存储在计算机内、有组织、可共享、统一管理的大量数据的集合，用户可以对其中的数据进行新增、查询、更新、删除等操作。在数据库的发展历史上，先后经历了层次数据库、网状数据库和关系数据库等阶段。随着半关系型和非关系型数据的飞速增长，非关系型数据库(not only SQL，NoSQL)也开始出现，较好地解决了高并发读写和大数据存储等问题。

DBMS 是为数据库建立、使用和维护而配置的软件，通过它可以实现对数据的有效管理和便捷存取。常见的 DBMS 有 Oracle、SQL Server、MySQL、MongoDB 等。

(1)Oracle：面向互联网计算环境的数据库，由甲骨文公司开发，具有可移植性好、使用方便、效率高、可靠性好的特点，适应高吞吐量的数据库解决方案，在企业数据处理、电子商务等领域使用广泛。

(2)SQL Server：微软公司推出的关系型数据库管理系统，具有较好的易用性、适合分布式组织的可伸缩性、用于决策支持的数据仓库功能、与许多其他服务器软件紧密关联的集成性、良好的性价比等。

(3)MySQL：开源的数据管理系统，是一个真正的多用户、多线程 SQL 数据库服务器。它具有强大的功能、灵活性、丰富的应用程序编程接口(application programming interface，API)以及精巧的系统结构，受到广大自由软件爱好者甚至是商业软件用户的青睐，特别是与 Apache 和 PHP/PERL 结合，为建立基于数据库的动态网站提供了强大动力。此外，MySQL 还具有软件体积小、安装使用简单且维护成本低等优点。

(4)MongoDB：介于关系数据库和非关系数据库之间的产品，支持的数据结构非常松散，类似 JSON 的 BSON 格式，因此可以存储比较复杂的数据类型。MongoDB 最大的特点是支持的查询语言非常强大，其语法类似于面向对象的查询语言，几乎可以实现类似关系数据库单表查询的绝大部分功能，而且还支持对数据建立索引。MongoDB 服务端可运行在 Linux、Windows 或 Mac OS X 平台，支持 32 位和 64 位应用。

数据库管理系统的选择需考虑技术因素、性能因素、经济因素等。

(1)技术因素：包括构造数据库的难易程度、对应程序开发的难易程度、是否有计算机辅助软件工程工具等，可以帮助开发者根据软件工程的方法提供各开发阶段的维护、编码环境，便于复杂软件的开发、维护。

(2)性能因素：包括性能评估(响应时间、数据单位时间吞吐量)、性能监控(内外存使用情况、系统输入/输出速率、SQL 语句的执行、数据库元组控制)、性能管理(参数设定与调整)；对分布式应用的支持、并行处理能力(支持多 CPU 模式)、可移植和可扩展性、并发控制、容错能力、安全性控制、数据恢复能力等，确保出现硬件故障、软件失效、被计算机病毒感染或严重错误操作时，系统能提供恢复数据库的功能，如定期转存、恢复备份、回滚等，使系统有能力将数据库恢复到损坏以前的状态。

(3)经济因素：数据库管理系统购买、运维、升级等的价格水平是否在软件开发能够承受的成本之内。

5)数据库设计工具选择

数据库设计工具主要完成创建概念数据模型、创建物理数据模型、数据库连接、数据迁移与备份恢复、浏览数据库对象、数据库的库表操作、用户管理、检查设计与逆向工程、性能监视、调试存储过程等设计及管理工作，主要有 SQL Developer、Navicat Lite、Eclipse 数据库工具插件、PL/SQL Developer 等。

6) 安全性设计

数据库的安全性是指保护数据库以防止不合法使用所造成的数据泄露、更改或损坏，包括用户标识与鉴别、存取控制、视图、审计等方法。

1.3.2 详细设计

详细设计(动态结构)是针对概要设计进行细化，是系统的具体实现细节。详细设计阶段是对每个模块完成的功能进行具体的描述，将功能描述转变为精确的、结构化的过程描述。详细设计包括定义实现各个功能模块所需要的接口，以及设计各个层次中类与类之间的依赖关系。

1. 接口设计

完成模块接口的细节，包括对系统外部的接口和用户界面，对系统内部其他模块的接口，以及模块输入数据、输出数据及局部数据的全部细节。例如，一个登录接口的设计：

```
[ Service 层 ]
login(String userName,String passWord)：实现登录操作
[ Dao 层 ]
getUserByUserName(String userName)：根据用户名获取用户记录
```

2. 类及类与类之间的依赖关系

(1)类图：描述了系统中涉及的所有类以及类之间的关系，其构成为类(由类名、属性和方法构成)、类之间的关系(关联关系、泛化关系、依赖关系、实现关系)、接口(interface)。图 1.6 为一用户管理类设计。

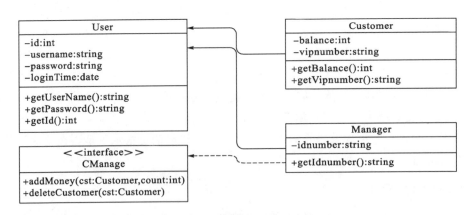

图 1.6 用户管理类设计图

(2)包图：包是一种分组机制，其将一些相关的类集合为一个包，形成高内聚、低耦合的类集合。可以说，一个包相当于一个子系统，包和包之间具有依赖和泛化关系。典型的缴费业务系统包图如图 1.7 所示。

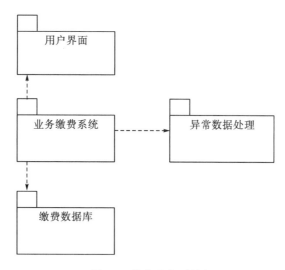

图 1.7　缴费业务系统包图

3. 对象交互过程

对象交互过程通常指对象之间的动态合作关系以及合作过程中的行为次序，通常使用 UML 中的动态视图来描述一个用例的行为，显示该用例中所涉及的对象以及这些对象之间的消息传递情况，即一个用例的实现过程。在用例分析、规约分析基础上，画出对应的时序图、活动图、状态图等 UML 动态视图。

(1)时序图。时序图又称为序列图，指的是业务用例按照时间顺序进行的多个操作，由角色、对象、控制焦点、消息组成，多在详细设计时使用。时序图中，横向是数据交互，纵向是顶部实体的生命线(图 1.8、图 1.9)。

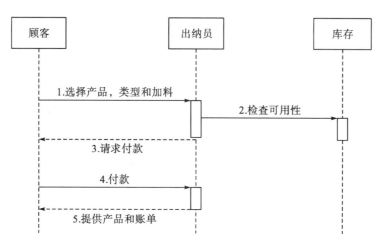

图 1.8　典型交易业务时序图

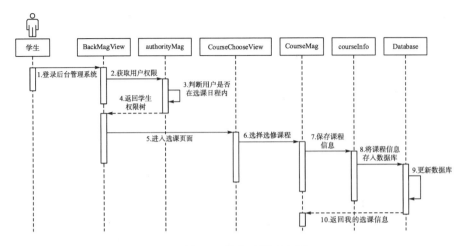

图 1.9　学生选课时序图

(2)活动图。活动图显示了用例图操作和操作之间的数据流和控制流，反映了系统中一个活动到另一个活动的流程，强调对象间的控制流程(图 1.10)。

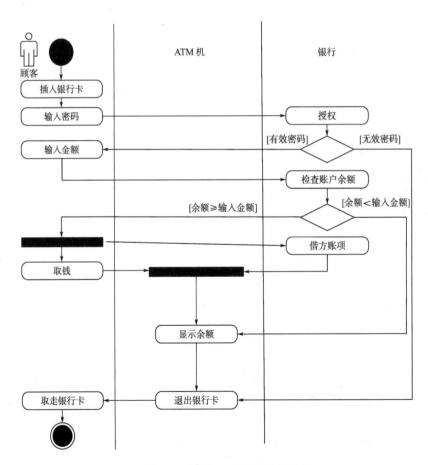

图 1.10　用户 ATM 机取款活动图

(3)状态图。状态图是用来描述一个实体基于事件反应的动态行为，显示了该实体如何根据当前所处的状态对不同的事件做出反应。状态图表示一个状态机，强调对象行为的事件顺序(图1.11)。

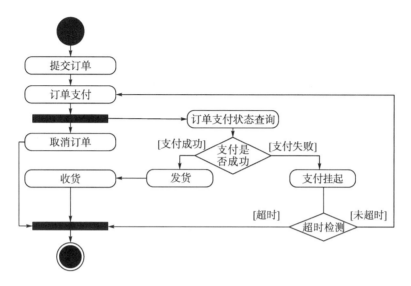

图1.11 用户网络购物订单状态图

(4)流程图。流程图是对过程、算法、流程的一种图像表示，一般用于结构化分析中。流程图通常用图框来表示各种类型的操作，在框内写出各个步骤，然后用带箭头的线把它们连接起来，以表示执行的先后顺序。流程图用图形表示算法，直观形象，易于理解(图1.12)。

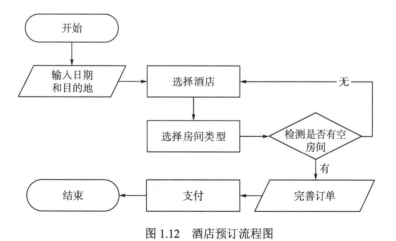

图1.12 酒店预订流程图

4. 人机界面设计

人机界面提供用户进行各种系统操作的综合平台环境，是人与机器进行信息交互的主要渠道，包括各种信息输入与输出反馈。人机界面设计涉及计算机科学、心理学、艺术设计、认知科学、人机工程学等学科，需遵循以下原则。

(1)界面布局设计规范合理，功能按钮易于识别且不易引起混淆。

(2)用户各种操作流畅，功能实现流程合理便捷，避免重复操作情况。

(3)用户界面需考虑到软件应用场景、用户群体的审美要求。

一个优秀的用户界面是一个直观的、对用户透明的界面，用户首次接触这个软件后就觉得一目了然，不需要多少培训就可以方便地使用。对于 Windows 开发人员，1992 年微软出版的《窗口界面：应用程序设计指南》(*The Windows Interface: An Application Design Guide*)是 PC 平台界面设计的公认标准。

1.4 软 件 编 码

软件编码是根据系统详细设计，将其转换成用程序设计语言实现的程序代码的过程。程序设计语言是用于书写计算机程序的语言，由语法、语义和语用构成。语法表示程序的结构或形式，也即表示构成语言的各个记号之间的组合规律，但不涉及这些记号的特定含义，也不涉及使用者。语义表示程序的含义，即按照各种方法所表示的各个记号的特定含义，但不涉及使用者。语用表示构成语言的各个记号和使用者的关系，涉及符号的来源、使用和影响。语用的实现涉及语境，包括编译环境和运行环境。

在运行方式上，程序代码有编译执行与解释执行两种方式(图 1.13)。编译执行是将高级语言书写的源程序翻译成与之等价的目标程序(汇编语言或机器语言)，包括词法分析、语法分析、语义分析、中间代码生成、代码优化和目标代码生成等过程，以及符号表管理和出错处理模块。解释执行在词法、语法和语义分析方面与编译程序的工作原理基本相同，但是在运行用户程序时直接执行源程序。这两种执行方式的根本区别在于编译方式下，机器上运行的是与源程序等价的目标程序，源程序和编译程序都不再参与目标程序的执行过程；而在解释方式下，解释程序和源程序(或其某种等价表示)要参与到程序的运行过程中，运行程序的控制权在解释程序。解释器翻译源程序时不产生独立的目标程序，而编译器需将源程序翻译成独立的目标程序。受执行方式的不同，编译执行方式运行速度快，而解释执行方式运行速度较慢，一般用于运行速度要求不高的应用场景。

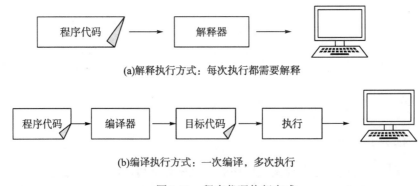

(a)解释执行方式：每次执行都需要解释

(b)编译执行方式：一次编译，多次执行

图 1.13 程序代码执行方式

1.4.1　常用程序设计语言

从 20 世纪 60 年代起，程序设计语言的发展经历了四代，从机器语言、汇编语言、高级语言到非过程化语言。当前，使用最多的是高级语言。常用的高级程序设计语言如下。

(1) C 语言。C 语言兼有高级语言和汇编语言的特点，灵活性很高，效率也高，常用于开发比较低层的软件，是当代最优秀的程序设计语言之一。

(2) C++语言。C++语言是在 C 语言的基础上加入了面向对象的特性，既支持结构化编程又支持面向对象的编程，因此，它的应用领域十分广泛。

(3) Java 语言。Java 语言具有平台无关性、安全性、面向对象的特性、分布式以及健壮性等很多特性，十分适合企业应用程序和各种网络程序的开发。

(4) C#语言。C#语言是微软公司发布的一种简洁的、类型安全的面向对象的、运行于.NET 框架之上的编程语言。它充分借鉴了 C++语言、Java 语言的优点，是现代微软.NET框架的基础语言。

(5) Python 语言。Python 是一种跨平台的面向对象的脚本语言，充分结合了解释性、编译性、互动性特点。此外，Python 是一种解释型语言，开发过程中无须编译环节，但运行速度较慢。

程序设计语言的性能和编码风格在很大程度上影响着软件的质量和维护性能，即对程序的可靠性、可读性、可测试性和可维护性产生深远的影响，所以程序设计语言的选择至关重要。

在选择程序设计语言时，首先要确定项目对编码的具体要求，其次需要综合考虑项目的应用场景、软件采用的开发方法、软件部署环境、算法和数据结构复杂性、相关软件开发人员的技术储备等因素。

1.4.2　程序设计原则

当前，面向对象是普遍采用的程序设计方法，它具有可扩展(新特性能够很容易地添加到现有系统中，不会影响原本的内容)、可修改(当修改某一部分的代码时，不会影响到其他不相关的部分)、可替代(将系统中某部分的代码用其他有相同接口的类替换时，不会影响到现有系统)等优点。面向对象的程序设计方法遵循罗伯特·马丁(Robert Martin)提出的面向对象设计五个基本原则。

(1) 单一职责原则(single responsibility principle)：一个类仅有一个职责，只有一个引起变化的原因。

(2) 开放关闭原则(open closed principle)：一个软件实体如类、模块和函数应该对扩展开放，而对修改关闭，具体来说是应通过扩展来实现变化，而不是通过修改原有的代码来实现变化。该原则是面相对象设计最基本的原则。

(3) 里氏替换原则(Liskov substitution principle)：所有引用基类的地方必须能透明地使用其子类的对象。简单来说，所有使用基类代码的地方，在换成子类对象时还能够正常运行，则满足这个原则，否则就是继承关系有问题，应该废除两者的继承关系。这个原则可以用来判断设计的对象继承关系是否合理。

(4)接口隔离原则(interface segregation principle):客户端按需提供接口,不能让接口变得臃肿。接口的设计应该遵循最小接口原则。

(5)依赖倒置原则(dependence inversion principle):高层模块不应该依赖低层模块,两者都应该依赖其抽象;抽象不应该依赖细节;细节应该依赖抽象。即 "针对接口编程",接口就是抽象,应该依赖接口,而不是依赖具体的实现来编程。

1.4.3　程序编码规范

程序编码规范是程序员在代码设计中应当遵循的基本规范,它不仅可以使代码容易理解,也能极大提高程序的稳定性,便于软件维护。程序编码规范包含程序排版、注释、命名、可读性、变量、程序效率、质量保证、代码编译等内容。

1.5　软件测试

软件测试是在软件提交给用户生产性运行之前进行,通过对软件的设计规格说明、用户需求说明、设计文档、编码等进行最后的复审,尽可能早地发现软件中存在的错误。软件测试通常使用人工或自动手段来运行或测试某个系统,其目的在于检验它是否满足规定的需求或与实际结果之间的差异。按执行阶段的不同,软件测试可分为单元测试、集成测试、系统测试、验收测试,与前期软件分析分别对应(图 1.14)。

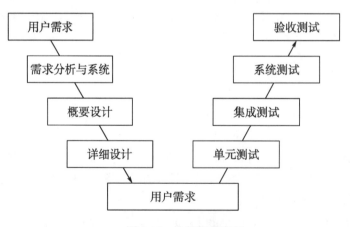

图 1.14　软件测试流程

软件测试并不仅是程序测试,还包括相关数据、文档的检查,贯穿于整个软件生命周期。软件生命周期各阶段有不同的测试对象,形成了不同开发阶段不同类型的测试。需求分析、概要设计、详细设计以及程序编码等各阶段产生的文档,包括需求规格说明、概要设计规格说明、详细设计规格说明以及源程序,都应作为软件测试的对象。

软件测试一般分为制订测试计划、设计测试用例、实施测试、测试报告环节。

1.5.1　测试计划

测试计划是为测试各项活动制订一个现实可行的、综合的计划,包括每项测试活动的对象、范围、方法、进度和预期结果。测试计划需要明确测试进度安排(表 1.3)、测试标准(需求文档中涉及的系统性能要求)、测试策略(表 1.4、表 1.5)、测试交付物确定等。

表 1.3　测试进度安排表

测试阶段	测试任务	工作量(日)	人员分配	起止时间
第一阶段:功能测试	各功能列表			
第二阶段:系统测试	1. 完成所有模块的组合测试 2. 数据流正确			
第三阶段:性能测试	多用户负荷压迫测试			
第四阶段:帮助文件测试以及安装卸载测试	1. 安装手册、帮助手册与软件操作比较是否一致 2. 安装文件测试			
第五阶段:兼容性测试	各个软件平台上的运行情况			

表 1.4　功能测试策略

模块	功能点
测试目标	确保测试功能正常,包括导航、数据输入、处理和检索等功能
测试范围	
测试技术	利用有效的和无效的数据来执行各个用例、用例流或功能,以核实以下内容:在使用有效数据时得到预期的结果;在使用无效数据时显示相应的错误消息或警告消息;各业务规则都得到了正确的应用
开始标准	
完成标准	
测试重点和优先级	
需考虑的特殊事项	确定或说明那些将对功能测试的实施和执行造成影响的事项或因素,包括内部或外部的

注:功能测试应侧重于所有可直接追踪到用例或业务功能和业务规则的测试需求。目标是核实数据的输入、处理和检索是否正确,以及业务规则的实施是否恰当。该测试基于黑盒技术,通过图形用户界面(graphical user interface,GUI)与应用程序进行交互,并对交互的输出或结果进行分析。

表 1.5　数据库完整性测试策略

模块	功能点
测试目标	确保数据库访问方法和进程正常运行,数据不会遭到破坏
测试范围	
测试技术	调用数据库访问方法和进程,填充有效/无效数据;确保数据已按预期的方式填充;检查所返回的数据,确保正确的请求检索到了正确的数据
开始标准	
完成标准	所有数据库访问方法和进程均按设计方式运行,数据未遭到损坏
测试重点和优先级	
需考虑的特殊事项	使用最小数据集来在数据库中直接输入或修改数据

注:数据库应作为一个子系统来进行测试。

1.5.2　测试用例

测试用例是测试工作的核心组成部分，是一组在测试时输入和输出的标准，是软件需求的具体对照。其内容包括测试目标、测试环境、输入数据、测试步骤、预期结果、测试脚本等，用于核实是否满足某个特定软件需求。

测试用例设计时需尽可能细化，用例名称需明确反映测试点；预置条件要清楚，测试步骤尽量详细，预期结果要明确(如表 1.6 所示的用户登录测试用例)。

表 1.6　用户登录测试用例

用例编号：01-01　　　　　　　　　　　　用例标题：用户系统登录
对应的测试计划：用户登录　　　　　　　　预置条件：Web 服务器、数据库启动正常

序号	操作步骤/输入数据	重要级别	检测内容	预期输出
01-01-01	检查登录界面	L	初始录入框全部为空	页面初始加载正确。可录入框初始数据正确，功能按钮完整
01-01-02	不输入任何信息，点击登录	M	确认功能、提示，是否正确显示	无法登录系统。显示警告信息"用户名或密码不能为空！"
01-01-03	输入存在的用户名，密码不输入，点击登录	M	确认功能、提示，是否正确显示	无法登录系统。显示警告信息"用户名或密码不能为空！"
01-01-04	输入存在的密码，用户名不输入，点击登录	M	确认功能、提示，是否正确显示	无法登录系统。显示警告信息"用户名或密码不能为空！"
01-01-05	输入存在的用户名、不存在的密码，点击登录	M	确认功能、提示，是否正确显示	无法登录系统。显示警告信息"用户名或密码错误！"
01-01-06	输入不存在的用户名、存在的密码，点击登录	M	确认功能、提示，是否正确显示	无法登录系统。显示警告信息"用户名或密码错误！"
01-01-07	输入不存在的用户名、不存在的密码，点击登录	M	确认功能、提示，是否正确显示	无法登录系统。显示警告信息"用户名或密码错误！"
01-01-08	连续输入三次用户名和密码不正确，点击登录	M	确认功能、提示，是否正确显示	无法登录系统。自动退出登录页面
01-01-09	输入存在的用户名、存在的用户密码，点击登录	M	确认功能、提示，是否正确显示	进入系统功能页面
01-01-10	异常值：所有可录入信息的文本框，点击登录按钮	H	用户名、用户密码录入异常数据：单引号或者其他不符合的文字类型	无法登录系统。系统给出提示"输入类型错误"，或者屏蔽单引号输入

测试用例撰写完毕后，通常还需组织软件设计、产品部门相关人员进行测试用例的评审。

1.5.3　实施测试

根据软件测试计划及测试用例开始进行具体测试工作。测试工作首先需要完成测试环境的搭建，明确测试的软硬件平台(表 1.7)。

表 1.7 某测试软硬件平台

设备类型	数量/台	硬件配置	软件配置	
			操作系统	相关应用软件
阿里云服务器	1	Intel Xeon Platinum 8163 CPU 2.5GHz, 8G 内存	Linux	XShell
用户机	2	Intel Core i7-7700 CPU 3.6GHz, 16G 内存	Windows	Postman

其次,执行冒烟测试(它源于制造业,用于测试管道是否堵塞。测试时,用鼓风机往管道里灌烟,看管壁外面是否有烟冒出,以检验管道是否有缝隙),即预测试。冒烟测试在软件代码正式编译并交付测试之前执行,目的在于尽量消除其表面的错误,减少后期测试的负担。冒烟测试是站在系统的角度对整个版本进行测试,测试对象是一个完整的产品而不是产品内部的模块。

需要特别注意的是,冒烟测试与正式测试的区别在于二者侧重点不同,冒烟测试关注的是阻塞型缺陷,包括但不限于流程不通、主要功能未实现等,而正式测试则属于全面、细致的测试,需要尽可能发现全部缺陷并按其严重性进行区分。

冒烟测试结束后,进入正式测试阶段。可采用系统测试、回归测试、交叉测试、自由(随机)测试等进行正式测试。

(1)系统测试:将软件、计算机硬件、外设、网络等结合在一起,进行软件系统的组装、确认测试。

(2)回归测试:指代码修改后,重复执行上一个版本测试时使用的测试用例,确认没有引入新的错误或导致其他代码产生错误。在渐进和快速迭代开发中,新版本的连续发布使回归测试进行得更加频繁,因此必须选择有效的回归测试策略。

(3)交叉测试:交换测试不同测试人员的测试模块,防止思维定式。

(4)自由(随机)测试:指根据测试者的经验对软件进行功能和性能抽查。自由测试是保证测试覆盖完整性的有效方式。

每一项测试结束后,需及时提交对应的测试记录日志,对测试情况进行总结。同时也要及时跟进漏洞修复进度。

1.5.4 测试报告

通过不断测试与漏洞跟踪,直到用例全部测试完毕,覆盖率、缺陷率以及其他各项指标达到质量标准,即达到上线要求(如果有客户反馈问题,需要测试人员协助重现和回归测试)。

第 二 部 分

项 目 实 训

项目 1　时光流影——在线相册管理系统

2.1　需　求　分　析

2.1.1　项目介绍

随着移动互联网对人类社会影响的进一步深入，以智能手机为代表的数字图像采集设备对人们的交往方式、沟通方式产生了深远影响。大部分人已经习惯通过手机随时随地记录生活、分享快乐、留存美好回忆。数字图片的拍摄和分享已经成为每个人生活中必不可少的一部分。

海量图片资源的存储及有效管理是当前数字图片应用的首要问题，手机存储量无法充分满足数字资源的指数级需求将是用户较长时间内需要面对的难题。此外，如何围绕数字图片资源进行相应社交圈的构建也是增强软件应用系统用户黏度的重要举措。

当前，针对图片分享类社交应用有做得比较成熟的，如照片墙(Instagram)、拼趣(Pinterest)等，其社会化功能做得很出色，上线后用户反馈良好；国内也有专业图片社交软件如 Nice、VSCO 等，通过给图片添加标签的方式进行信息分享，VSCO 更强调照片本身，信息交流、分享反馈等功能较弱。

围绕数字图片的管理及用户信息的交流，本书构建了"时光流影——在线相册管理系统"(简称：时光流影)，力求给用户提供一个管理图片和分享记忆的平台。系统专注数字图片的有效管理，成为用户整理相册、分享及沟通交流的信息平台。该系统在完成相应的开发与测试后，不仅可以实现对用户图片的管理，还可实现用户间的资源共享，允许用户对发布的信息进行评论、点赞等。此外，用户还可以通过留言板让对方看见相应的消息，并且系统会对所有已发布的信息的点赞数进行排名，并生成排行榜，以为用户提供优质的图片资源。系统还会根据用户发布信息的时间顺序形成时间轴，便于用户通过时间来查找发布的信息。

整个系统采用 C#作为主要编程语言，使用 HTML、CSS 层叠样式表美化页面，使用 JavaScript 制作动态效果。系统采用 Visual Studio 2012 作为集成开发环境，MySQL 作为数据库进行数据存储。

2.1.2　主要功能

通过本项目了解从项目立项到项目验收的整个过程，整体采用看板软件开发管理方法，并掌握项目评估、需求分析、系统设计以及编码测试等技术和方法，熟悉软件工程的开发流程和团队合作模式。本系统分为 6 大模块，相应功能如表 2.1 和图 2.1 所示。

表 2.1　各模块的主要功能

模块名称	模块内容描述
用户信息管理模块	负责用户的注册、登录、个人信息的管理以及留言板管理
用户相册管理模块	用户管理图片和已发表的信息
用户评论分享模块	用户对已发表的信息进行评论、点赞和分享
用户好友管理模块	添加好友和好友管理，好友管理包括查看、删除好友
用户站内信与留言模块	用户接收和处理系统消息、使用留言板功能
其他功能模块	包括时光轴、点赞排行、基础搜索

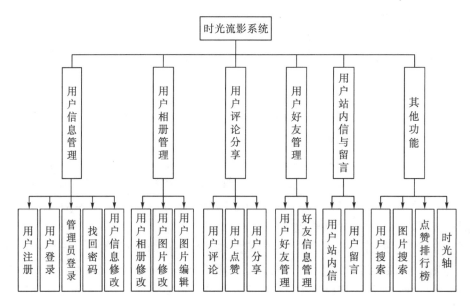

图 2.1　系统功能图

1. 用户信息管理模块

（1）用户注册。该模块主要包括用户名的创建及密码的设置，其流程图如图 2.2 所示。

（2）用户登录。该模块主要包括用户登录时正确输入用户名和密码，其流程图如图 2.3 所示。

（3）用户信息修改。该模块主要包括在用户中心修改密码和个人资料等功能，其流程图如图 2.4 所示。

2. 用户相册管理模块

（1）用户相册修改。该模块主要包括相册的新建、修改、删除等功能，其流程图如图 2.5 所示。

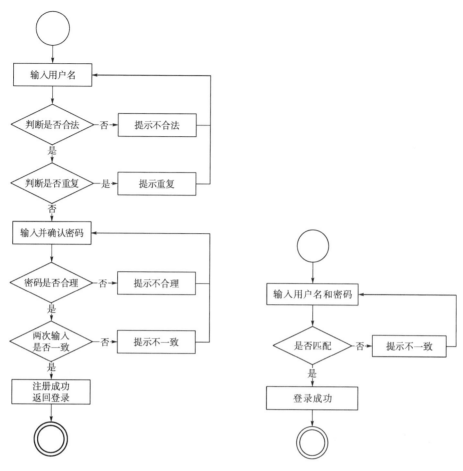

图 2.2　用户注册流程图　　　　　　　　　　　图 2.3　用户登录流程图

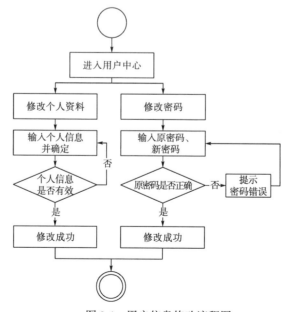

图 2.4　用户信息修改流程图

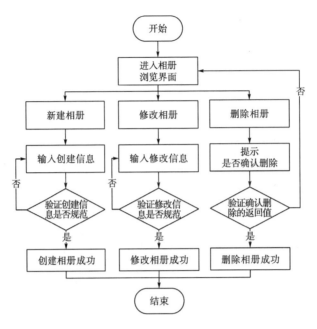

图 2.5　用户相册修改流程图

（2）用户图片修改。该模块主要包括图片的上传、修改和删除等功能，其流程图如图 2.6 所示。

（3）用户图片编辑。该模块主要实现对图片进行编辑的功能，其流程图如图 2.7 所示。

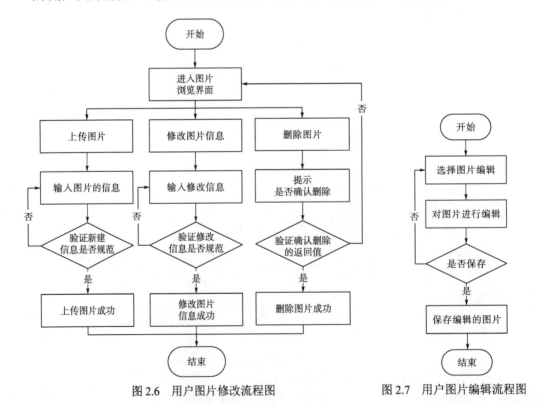

图 2.6　用户图片修改流程图　　　　　　图 2.7　用户图片编辑流程图

3. 用户评论分享模块

(1)用户评论。该模块主要包括对图片进行评论和删除评论等功能，其流程图如图 2.8 所示。

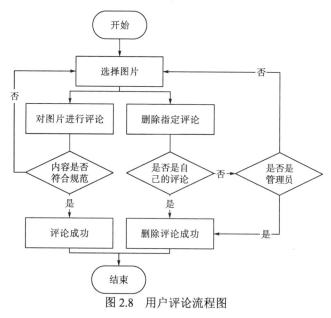

图 2.8　用户评论流程图

(2)用户点赞。该模块主要实现对图片进行点赞的功能，其流程图如图 2.9 所示。

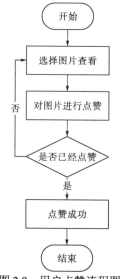

图 2.9　用户点赞流程图

4. 用户好友管理模块

(1)用户好友管理。该模块主要包括添加、删除好友等功能，其流程图如图 2.10 所示。
(2)好友信息管理。该模块主要实现好友信息管理的功能，其流程图如图 2.11 所示。

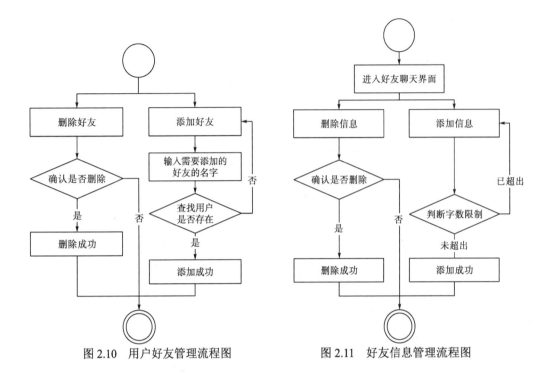

图 2.10　用户好友管理流程图　　　　　　图 2.11　好友信息管理流程图

5. 用户站内信与留言模块

（1）用户站内信。该模块主要包括站内信的查看、删除、发送等功能，其流程图如图 2.12 所示。

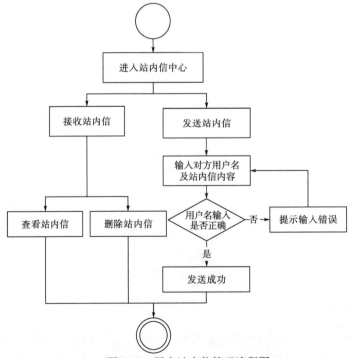

图 2.12　用户站内信管理流程图

(2)用户留言。该模块主要包括删除、发送留言等功能，其流程图如图 2.13 所示。

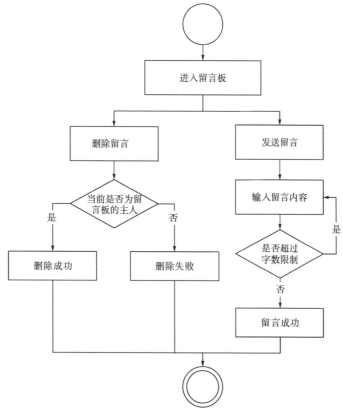

图 2.13　用户留言管理流程图

6. 其他功能模块

(1)用户搜索。该模块主要包括对用户进行搜索等功能，其流程图如图 2.14 所示。
(2)图片搜索。该模块主要包括对图片进行搜索等功能，其流程图如图 2.15 所示。

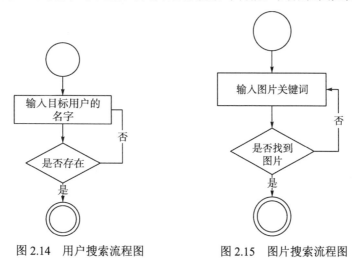

图 2.14　用户搜索流程图　　　　图 2.15　图片搜索流程图

2.1.3　系统用例图

系统用例图如图 2.16 所示。

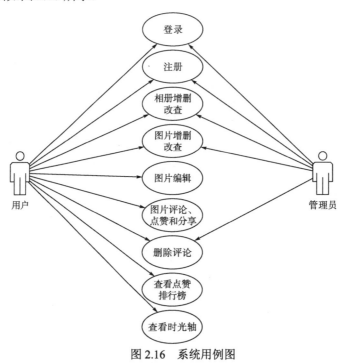

图 2.16　系统用例图

2.2　系　统　设　计

2.2.1　设计思路

本系统采用标准的三层设计架构，即数据访问层+业务逻辑层+表示层(图 2.17)。

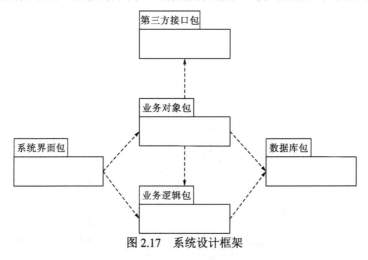

图 2.17　系统设计框架

2.2.2 分解描述

1. 用户信息管理模块

在该模块中，系统实现了用户注册、用户登录、管理员登录、密码找回、个人信息管理等功能。

1)用户注册

(1)功能设计描述。用户可以通过此功能在本系统中注册新用户。用户必须完成表单上的必填项，并且经过验证后才能注册。该功能模块下用户需要输入的内容有邮箱地址或者手机号码、昵称、密码、确认密码(只有两次输入的密码一致，才能注册成功)、密保问题、密保问题答案、验证码(系统随机生成)。注册完成之后，用户可以通过手机号或邮箱地址及密码登录本系统。

(2)相关类设计。

①User：该用户类是普通用户类，用于记录普通用户的信息。

②UserRegister：对普通用户类进行创建和修改数据库的外部接口类，被其他类所创建和使用。

③Database Connect：数据库连接类，对数据库进行连接并对数据进行操作。

④DB：用于连接数据库时，具体表示某个数据库内容的类。

⑤Register：用于管理注册界面的类。

(3)用户注册类之间的关系如图 2.18 所示。

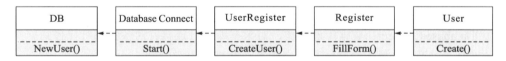

图 2.18 用户注册类之间的关系图

(4)用户注册功能文件列表见表 2.2。

(5)用户注册功能时序图如图 2.19 所示。

表 2.2 用户注册功能文件列表

名称	类型	存放位置	说明
User	.cs	/Register/	存放普通用户信息的文件
UserCreator	.cs	/Register/	添加普通用户操作的文件
Database	.cs	/Register/	存放数据库操作的文件
Register	.cs	/Register/	存放注册界面的文件

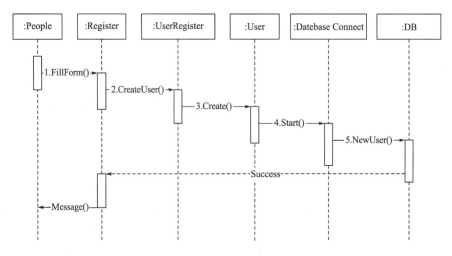

图 2.19   用户注册功能时序图

2) 用户登录

(1) 功能设计描述。用户通过此功能登录到系统中，该功能模块下用户需要输入的内容有邮箱地址或手机号码或用户名、密码和验证码(系统随机生成)。登录到系统之后，用户可以在系统赋予的权限内进行浏览、管理相册等操作。系统在此功能模块中提供找回密码操作，用户点击"找回密码"按钮，进入找回密码的操作处理。

(2) 相关类设计。

①User：该用户类是普通用户类，用于记录普通用户的信息。

②UserLogin：系统对用户登录的逻辑业务处理的类。

③LoginDAL：系统对用户登录的数据访问处理的类。

④Database Connect：数据库连接类，对数据库进行连接并对数据进行操作。

⑤DB：用于连接数据库时，具体表示某个数据库内容的类。

⑥Login：用于管理登录界面的类。

(3) 用户登录功能类之间的关系如图 2.20 所示。

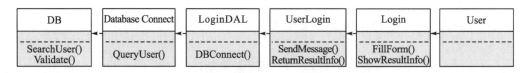

图 2.20   用户登录功能类之间的关系图

(4) 用户登录功能文件列表见表 2.3。

表 2.3   用户登录功能文件列表

名称	类型	存放位置	说明
User	.cs	/Login/	存放普通用户信息的文件
UserLogin	.cs	/Login/	存放登录逻辑业务处理的文件

续表

名称	类型	存放位置	说明
LoginDAL	.cs	/Login/	存放登录数据库操作的文件
Database	.cs	/Login/	存放数据库操作的文件
Login	.cs	/Login/	存放登录界面的文件

(5)用户登录功能时序图如图2.21所示。

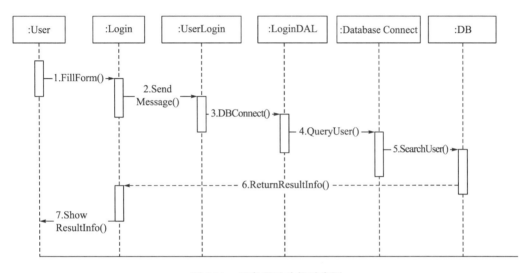

图2.21 用户登录功能时序图

3)管理员登录

(1)功能设计描述。管理员通过此功能登录到系统中，需要后台预设的账号和密码。登录到系统之后，管理员可以在系统赋予的权限内进行浏览、管理等操作。

(2)相关类设计。

①Admin：该用户类是管理员用户类，用于记录管理员用户的信息。

②AdminLogin：系统对管理员登录的逻辑业务处理的类。

③LoginDAL：系统对管理员登录的数据访问处理的类。

④Database Connect：数据库连接类，对数据库进行连接并对数据进行操作。

⑤DB：用于连接数据库时，具体表示某个数据库内容的类。

⑥Login：用于管理登录界面的类。

(3)管理员登录类之间的关系如图2.22所示。

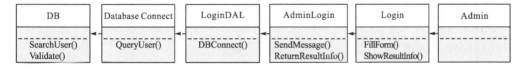

图2.22 管理员登录类之间的关系图

(4)管理员登录文件列表见表2.4。

表2.4   管理员登录文件列表

名称	类型	存放位置	说明
Admin	.cs	/Login/	存放管理员用户信息的文件
AdminLogin	.cs	/Login/	存放登录逻辑业务处理的文件
LoginDAL	.cs	/Login/	存放登录数据库操作的文件
Database	.cs	/Login/	存放数据库操作的文件
Login	.cs	/Login/	存放登录界面的文件

(5)管理员登录时序图如图2.23所示。

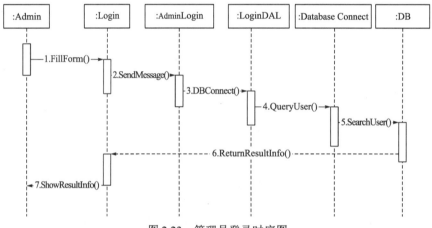

图2.23   管理员登录时序图

4)密码找回

(1)功能设计描述。当用户忘记密码的时候，可以在登录界面点击"找回密码"按钮进行找回密码操作，找回密码的方式为密保问题验证。通过输入用户名和密保问题答案可以重置用户密码。该功能模块下用户需要输入的内容有邮箱地址或手机号码或用户名、密保问题的答案、重新设置的密码以及确认密码。

(2)相关类设计。

①User：该用户类是普通用户类，用于记录普通用户的信息。

②UserFindPassword：系统对找回密码的逻辑业务处理的类。

③FindPasswordDAL：系统对找回密码的数据访问处理的类。

④Database Connect：数据库连接类，对数据库进行连接并对数据进行操作。

⑤DB：用于连接数据库时，具体表示某个数据库内容的类。

⑥FindPassword：用于管理找回密码界面的类。

(3)密码找回类之间的关系如图2.24所示。

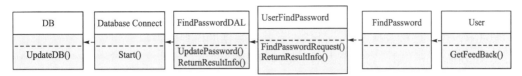

图 2.24　密码找回类之间的关系

(4) 密码找回文件列表见表 2.5。

表 2.5　密码找回文件列表

名称	类型	存放位置	说明
User	.cs	/FindPassword/	存放普通用户信息的文件
UserFindPassword	.cs	/FindPassword/	存放找回密码逻辑业务处理的文件
FindPasswordDAL	.cs	/FindPassword/	存放找回密码数据库操作的文件
Database	.cs	/FindPassword/	存放数据库操作的文件
FindPassword	.cs	/FindPassword/	存放找回密码界面的文件

(5) 密码找回时序图如图 2.25 所示。

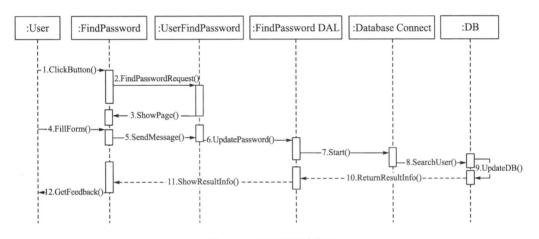

图 2.25　密码找回时序图

5) 个人信息管理

(1) 功能设计描述。用户可以通过此功能模块对用户的个人信息及密码进行修改，输入修改信息之后，点击"保存"，则更新数据库。如果修改成功，提示用户修改信息成功；如果修改失败，提示用户修改信息失败。该功能模块中用户可以修改的信息包括头像图片、昵称、性别、真实姓名和密码。

(2) 相关类设计。

① User：该用户类是普通用户类，用于记录普通用户的信息。

② UserModify：系统对用户修改个人信息的逻辑业务处理的类。

③ ModifyDAL：系统对用户个人信息管理的数据访问处理的类。

④Database Connect：数据库连接类，对数据库进行连接并对数据进行操作。

⑤DB：用于连接数据库时，具体表示某个数据库内容的类。

⑥Information：用于管理个人信息修改界面的类。

（3）个人信息管理类之间的关系如图 2.26 所示。

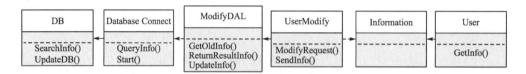

图 2.26　个人信息管理类之间的关系

（4）个人信息管理文件列表见表 2.6。

表 2.6　个人信息管理文件列表

名称	类型	存放位置	说明
User	.cs	/ModifyInfo/	存放普通用户信息的文件
UserModify	.cs	/ModifyInfo/	存放修改个人信息逻辑业务处理的文件
ModifyDAL	.cs	/ModifyInfo/	存放修改个人信息数据库操作的文件
Database	.cs	/ModifyInfo/	存放数据库操作的文件
Information	.cs	/ModifyInfo/	存放修改个人信息界面的文件

（5）个人信息管理时序图如图 2.27 所示。

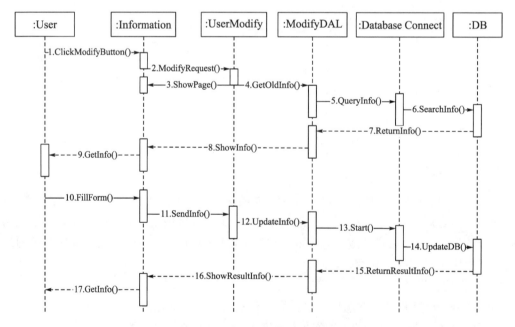

图 2.27　个人信息管理时序图

2. 用户站内信与留言模块

1)用户留言管理

(1)功能设计描述。用户可在个人主页查看自己的留言板,也可以到别人主页留言。用户可以查看自己的留言,并回复留言,或者给留言来源发留言。

(2)相关类设计。

①Model.comment_infor:该类负责留言的实例化。

②BLL.comment_infor:该类实现普通用户的所有业务逻辑处理工作,在本功能中该类负责验证用户基本信息,处理留言设置中的逻辑问题。

③DAL.comment_infor:该类负责与数据库进行交互、操作。

(3)用户留言管理类之间的关系如图 2.28 所示。

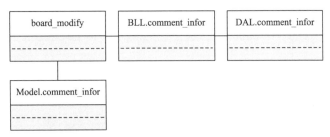

图 2.28 用户留言管理类之间的关系

(4)用户留言管理文件列表见表 2.7。

表 2.7 用户留言管理文件列表

名称	类型	存放位置	说明
board	ASP.Net	/Web	输入数据录入,UI 界面
Model. comment_infor	ASP.Net	/Model	数据模型实例化
BLL. comment_infor	ASP.Net	/Bll	用户信息处理逻辑
DAL. comment_infor	ASP.Net	/DAL	数据库操作

(5)用户留言管理时序图如图 2.29 所示。

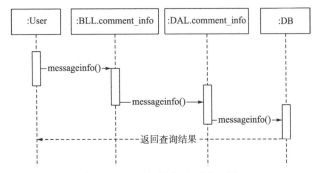

图 2.29 用户留言管理时序图

2) 用户站内信管理

(1) 功能设计描述。用户成功登录后可以查收站内信。站内信主要由系统发出，主要内容包括但不限于：系统通知、异常行为、敏感信息操作提示等。

(2) 相关类设计。

①Model. message_infor：该类负责站内信数据模型的实例化。

②BLL. message_infor：该类实现普通用户的所有业务逻辑处理工作，在本功能中该类负责验证用户基本信息，处理信息设置中的逻辑问题。

③DAL. message_infor：该类负责与数据库进行交互、操作。

(3) 用户站内信管理之间的关系如图 2.30 所示。

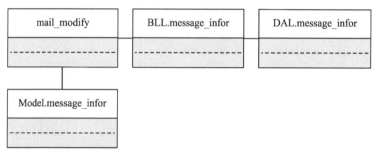

图 2.30　用户站内信管理类之间的关系

(4) 用户站内信管理文件列表见表 2.8。

表 2.8　用户站内信管理文件列表

名称	类型	存放位置	说明
mail	ASP.Net	/Web	输入数据录入，UI 界面
Model. message_infor	ASP.Net	/Model	数据模型实例化
BLL. message_infor	ASP.Net	/Bll	用户信息处理逻辑
DAL. message_infor	ASP.Net	/DAL	数据库操作

(5) 用户站内信管理时序图如图 2.31 所示。

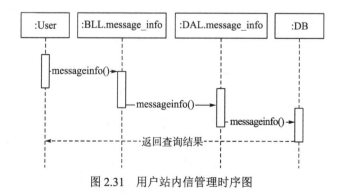

图 2.31　用户站内信管理时序图

3. 用户相册管理模块

1) 用户相册修改

(1) 功能设计描述。用户相册浏览界面中不存在或已存在数个相册。用户可以新增、删除相册，或者修改相册信息，包括相册名、封面、描述、可见设定。

(2) 相关类设计。

①album：实体类，用于提供用户对相册操作的功能，调用其他相关类。

②BLL.album_infor：实体类，位于业务逻辑层（BLL），用于传送数据进行逻辑判断分析，并传送正确的值。

③Model.album_infor：实体类，位于实体类库（Model），存放数据库中的表字段。

④DAL.album_infor：数据库访问类，位于数据访问层（DAL），用于对数据库album_infor 表的添加、删除、修改、更新等基本操作。

⑤photo_up：实体类，用于图片的上传，可以被其他类创建和使用。

(3) 用户相册修改类之间的关系如图 2.32 所示。

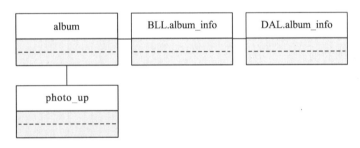

图 2.32　用户相册修改类之间的关系

(4) 用户相册修改文件列表见表 2.9。

表 2.9　用户相册修改文件列表

名称	类型	存放位置	说明
album	.aspx	/sglyWeb /Web/	存放相册操作的文件
BLL.album_infor	.cs	/sglyWeb /BLL/	存放相册逻辑操作的文件
Model.album_infor	.cs	/sglyWeb /Model/	存放相册数据字段的文件
DAL.album_infor	.cs	/sglyWeb /DAL/	存放相册数据库访问的文件
photo_up	.cs	/sglyWeb /	存放图片上传的文件

(5) 用户相册修改时序图如图 2.33 所示。

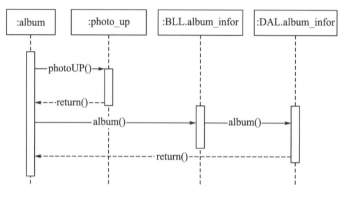

图 2.33 用户相册修改时序图

2)用户图片修改

(1)功能设计描述。用户进入自己的相册，相册中不存在或已存在数张图片。用户可以对图片进行添加水印等操作。

(2)相关类设计。

①picture_modify：实体类，用于提供用户对图片操作的功能，调用其他相关类。

②BLL.picture_infor：实体类，位于业务逻辑层（BLL），用于传送数据进行逻辑判断分析，并传送正确的值。

③Model.picture_infor：实体类，位于实体类库（Model），存放数据库中的表字段。

④DAL.picture_infor：数据库访问类，位于数据访问层（DAL），用于对数据库 picture_infor 表的添加、删除、修改、更新等基本操作。

⑤photo_watermark：实体类，用于水印的添加，可以被其类创建和使用。

(3)用户图片修改类之间的关系如图 2.34 所示。

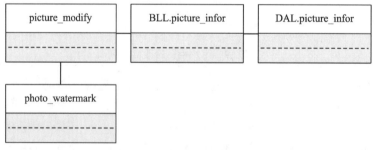

图 2.34 用户图片修改类之间的关系

(4)用户图片修改文件列表见表 2.10。

表 2.10 用户图片修改文件列表

名称	类型	存放位置	说明
picture_modify	.aspx	/sglyWeb/Web/	存放图片编辑的文件
BLL.picture_infor	.cs	/sglyWeb /BLL/	存放图片逻辑操作的文件

续表

名称	类型	存放位置	说明
Model.picture_infor	.cs	/sglyWeb /Model/	存放图片数据字段的文件
DAL.picture_infor	.cs	/sglyWeb /DAL/	存放图片数据库访问的文件
photo_watermark	.cs	/sglyWeb /	存放添加水印操作的文件

(5)用户图片修改时序图如图 2.35 所示。

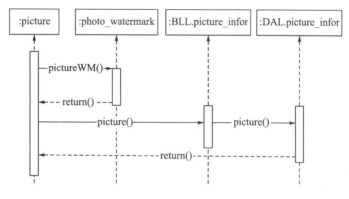

图 2.35　用户图片修改时序图

3)用户图片编辑

(1)功能设计描述。用户进入自己的相册，相册中不存在或已存在数张图片。用户可以对图片进行添加水印等操作。

(2)相关类设计。

①picture_modify：实体类，用于提供用户对图片操作的功能，调用其他相关类。

②BLL.picture_infor：实体类，位于业务逻辑层（BLL），用于传送数据进行逻辑判断分析，并传送正确的值。

③Model.picture_infor：实体类，位于实体类库（Model），用于存放数据库中的表字段。

④DAL.picture_infor：数据库访问类，位于数据访问层（DAL），用于对数据库picture_infor 表的添加、删除、修改、更新等基本操作。

⑤photo_watermark：实体类，用于水印的添加，可以被其他类创建和使用。

(3)用户图片编辑类之间的关系如图 2.36 所示。

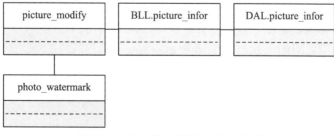

图 2.36　用户图片编辑类之间的关系

(4) 用户图片编辑文件列表见表 2.11。

表 2.11　用户图片编辑文件列表

名称	类型	存放位置	说明
picture_modify	.aspx	/sglyWeb/Web/	存放图片编辑的文件
BLL.picture _infor	.cs	/sglyWeb /BLL/	存放图片逻辑操作的文件
Model.picture _infor	.cs	/sglyWeb /Model/	存放图片数据字段的文件
DAL.picture _infor	.cs	/sglyWeb /DAL/	存放图片数据库访问的文件
photo_watermark	.cs	/sglyWeb /	存放添加水印操作的文件

(5) 用户图片编辑时序图说明如图 2.37 所示。

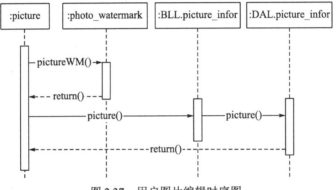

图 2.37　用户图片编辑时序图

4. 用户评论分享模块

1) 用户评论

(1) 功能设计描述。本模块的主要功能是实现用户可以对自己或别人的图片进行评论、查看他人的评论、删除自己的评论；管理员可以对所有评论进行删除。

(2) 相关类设计。

①picture：实体类，用于提供用户对图片操作的功能，调用其他相关类。

②BLL.remark_infor：实体类，位于业务逻辑层(BLL)，用于传送数据进行逻辑判断分析，并传送正确的值。

③Model.remark_infor：实体类，位于实体类库(Model)，用于存放数据库中的表字段。

④DAL.remark_infor：数据库访问类，位于数据访问层(DAL)，用于对数据库 remark_infor 表的添加、删除、修改、更新等基本操作。

(3) 用户评论类之间的关系如图 2.38 所示。

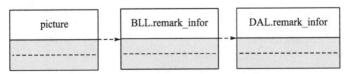

图 2.38　用户评论类之间的关系

(4)用户评论文件列表见表 2.12。

表 2.12　用户评论文件列表

名称	类型	存放位置	说明
picture	.aspx	/sglyWeb/Web/	存放图片操作的文件
BLL.remark_infor	.cs	/sglyWeb/BLL/	存放评论逻辑操作的文件
Model.remark_infor	.cs	/sglyWeb/Model/	存放评论数据字段的文件
DAL.remark_infor	.cs	/sglyWeb/DAL/	存放评论数据库访问的文件

(5)用户评论时序图如图 2.39 所示。

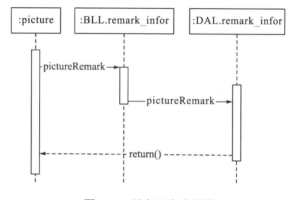

图 2.39　用户评论时序图

2)用户点赞

(1)功能设计描述。本模块的主要功能是实现用户对自己或别人的图片进行点赞。

(2)相关类设计。

①like：实体类，用于用户点赞，可以被其他类创建和使用。

②BLL.picture_infor：实体类，位于业务逻辑层(BLL)，用于传送数据进行逻辑判断分析，并传送正确的值。

③Model.picture_infor：实体类，位于实体类库(Model)，用于存放数据库中的表字段。

④DAL.picture_infor：数据库访问类，位于数据访问层(DAL)，用于对数据库 picture_infor 表的添加、删除、修改、更新等基本操作。

⑤BLL.album_infor：实体类，位于业务逻辑层(BLL)，用于传送数据进行逻辑判断分析，并传送正确的值。

⑥Model.album_infor：实体类，位于实体类库(Model)，用于存放数据库中的表字段。

⑦DAL.album_infor：数据库访问类，位于数据访问层(DAL)，用于对数据库 album_infor 表的添加、删除。

(3)用户点赞类之间的关系如图 2.40 所示。

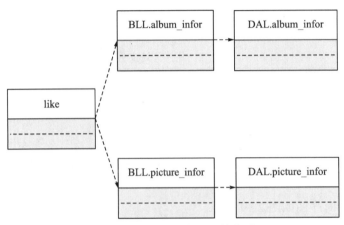

图 2.40　用户点赞类之间的关系

(4)用户点赞文件列表见表 2.13。

表 2.13　用户点赞文件列表

名称	类型	存放位置	说明
like	.cs	/sglyWeb/	存放点赞操作的文件
BLL.picture _infor	.cs	/sglyWeb /BLL/	存放图片逻辑操作的文件
Model.picture _infor	.cs	/sglyWeb /Model/	存放图片数据字段的文件
DAL.picture _infor	.cs	/sglyWeb /DAL/	存放图片数据库访问的文件
BLL.album_infor	.cs	/sglyWeb /BLL/	存放相册逻辑操作的文件
Model.album_infor	.cs	/sglyWeb /Model/	存放相册数据字段的文件
DAL.album_infor	.cs	/sglyWeb /DAL/	存放相册数据库访问的文件

(5)用户点赞时序图如图 2.41 所示。

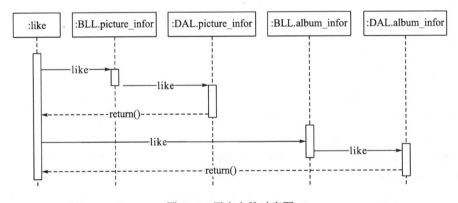

图 2.41　用户点赞时序图

3)用户分享

(1)功能设计描述。本模块的主要功能是实现用户对自己或别人的照片进行分享。

(2)相关类设计。

①picture：实体类，用于提供用户对图片进行操作的功能，调用其他相关类。

②picture_share：实体类，用于图片的分享。

(3)用户分享类之间的关系如图2.42所示。

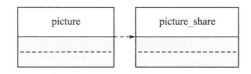

图2.42 用户分享类之间的关系

(4)用户分享文件列表见表2.14。

表2.14 用户分享文件列表

名称	类型	存放位置	说明
picture	.aspx	/sglyWeb/Web/	存放图片操作的文件
picture_share	.cs	/sglyWeb/	存放分享操作的文件

(5)用户分享时序图如图2.43所示。

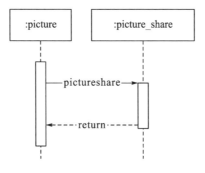

图2.43 用户分享时序图

5. 用户好友管理模块

在用户好友管理模块中，系统实现了好友管理(包括好友的增删查改)、好友信息的查收与发送等功能。

用户好友管理：用户在"我的好友"页面可以查看、添加和删除好友。

用户信息管理：用户可以在站内信模块查看自己收到的好友信息，并进行查询、回复和删除好友信息操作。

1)用户好友管理

(1)功能设计描述。用户成功登录后进入用户好友管理页面，在此页面可以进行好友的添加、删除等操作。

（2）相关类设计。

①Model.friends_infor：该类为用户处理数据时提供必要属性，在本流程中处理好友对象模型。

②BLL.friends_infor：该类位于业务逻辑层，负责问题处理、业务抽象实现和功能实现。

③DAL.friends_infor：该类位于数据访问层，负责数据库处理。

（3）用户好友管理类之间的关系如图 2.44 所示。

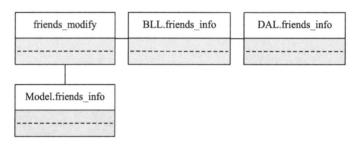

图 2.44　用户好友管理类之间的关系

（4）用户好友管理文件列表见表 2.15。

表 2.15　用户好友管理文件列表

名称	类型	存放位置	说明
friends	.aspx	/Web	输入数据录入，UI 界面
Model.friends_infor	.cs	/Modle	数据模型实例化
BLL.friends_infor	.cs	/BLL	业务逻辑处理
DAL.friends_infor	.cs	/DAL	数据库操作

（5）用户好友管理时序图如图 2.45 所示。

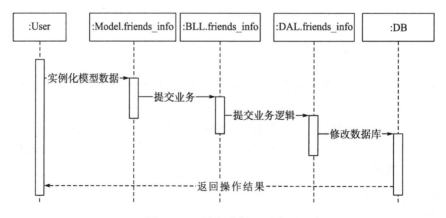

图 2.45　用户好友管理时序图

2)用户信息管理

(1)功能设计描述。用户成功登录后可以查收其他用户发送的信息。

(2)相关类设计。

①Model.friends_message：该类负责用户信息数据模型的实例化。

②BLL.friends_message：该类实现普通用户的所有业务逻辑处理工作，在本功能中该类用于验证用户基本信息，处理信息设置中的逻辑问题。

③DAL.friends_message：该类负责与数据库进行交互、操作。

(3)用户好友信息管理类之间的关系如图 2.46 所示。

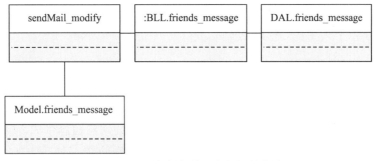

图 2.46 用户信息管理类之间的关系

(4)用户信息管理文件列表见表 2.16。

表 2.16 用户信息管理文件列表

名称	类型	存放位置	说明
sendMail	.aspx	/Web	输入数据录入，UI 界面
Model. friends_message	.cs	/Model	数据模型实例化
BLL. friends_message	.cs	/BLL	用户信息处理逻辑
DAL. friends_message	.cs	/DAL	数据库操作

(5)用户信息管理时序图如图 2.47 所示。

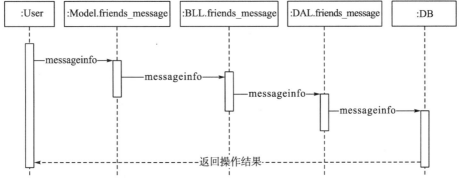

图 2.47 用户信息管理时序图

6. 其他功能模块

在该模块中，系统实现了用户搜索、图片搜索、点赞排行、时光轴等功能。

用户搜索：在搜索框输入用户名信息，根据信息进行匹配。

图片搜索：在搜索框输入图片的标签信息，根据信息进行匹配。

点赞排行：在主页点击"点赞排行"，显示最近几天点赞数最高的图片。

时光轴：在个人相册中，点击"时光轴"，显示选定时间范围内的图片上传轨迹。

1) 用户搜索

(1) 功能设计描述。用户可以在搜索框内输入需要查找的用户信息，点击"搜索"，查找到匹配的用户信息后反馈给用户。用户查找到相应的用户后，可以点击进入该用户的主页观看。

(2) 相关类设计。

① User：表示用户实体。

② Search：包含搜索框的填写、搜索等操作。

③ SearchUserInfo：临时创建的类，根据搜索得到的用户信息生成，并显示给用户。

④ SearchDAL：系统对用户搜索的数据进行访问处理的类。

⑤ Database Connect：数据库连接类，对数据库进行连接并对数据进行操作。

⑥ DB：用于连接数据库时，具体表示某个数据库内容的类。

(3) 用户搜索类之间的关系如图 2.48 所示。

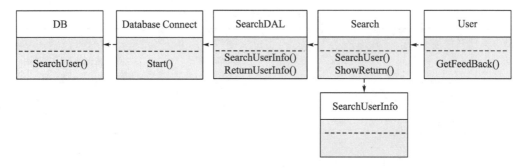

图 2.48　用户搜索类之间的关系

(4) 用户搜索文件列表见表 2.17。

表 2.17　用户搜索文件列表

名称	类型	存放位置	说明
User	.cs	/Search/	存放用户信息的模块
Search	.cs	/Search/	存放搜索框功能实现的文件
SearchUserInfo	.cs	/Search/	存放搜索用户信息结果的文件
SearchDAL	.cs	/Search/	存放修改个人信息数据库操作的文件
Database	.cs	/Search/	存放数据库操作的文件

(5)用户搜索时序图如图 2.49 所示。

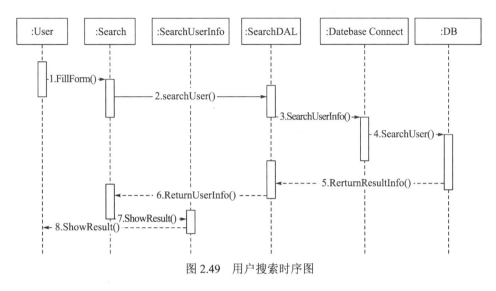

图 2.49 用户搜索时序图

2)图片搜索

(1)功能设计描述。用户可以在搜索框内输入需要查找的图片标签，点击搜索，查找到匹配的图片信息后反馈给用户。用户点击搜索到的图片信息，可进入图片页面详细查看图片。

(2)相关类设计。

①User：表示用户实体。

②Search：包含搜索框的填写、搜索等操作。

③SearchPhotoInfo：临时创建的类，根据搜索得到的图片信息生成，并显示给用户。

④SearchDAL：系统对用户搜索的数据进行访问处理的类。

⑤Database Connect：数据库连接类，对数据库进行连接并对数据进行操作。

⑥DB：用于连接数据库时，具体表示某个数据库内容的类。

(3)图片搜索类之间的关系如图 2.50 所示。

(4)图片搜索文件列表见表 2.18。

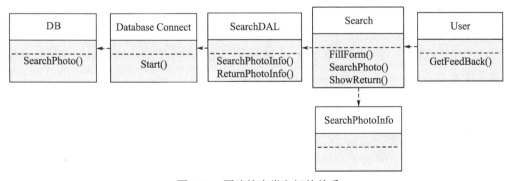

图 2.50 图片搜索类之间的关系

表 2.18　图片搜索文件列表

名称	类型	存放位置	说明
User	.cs	/Search/	相应用户管理文件
Search	.cs	/Search/	数据搜索文件
SearchPhotoInfo	.cs	/Search/	图片搜索文件
SearchDAL	.cs	/Search/	图片搜索文件（数据访问接口）
Database	.cs	/HouseGood/	数据库各项操作文件

（5）图片搜索时序图如图 2.51 所示。

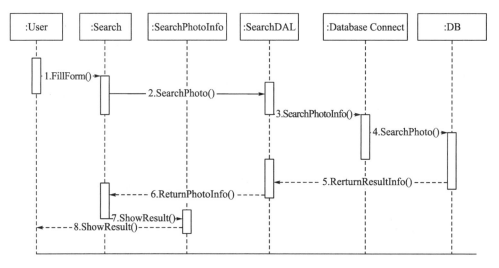

图 2.51　图片搜索时序图

3) 点赞排行

（1）功能设计描述。当用户进入网站首页后，可以通过点击"点赞排行"按钮进入点赞排行页面。该页面会将用户设定的时间范围内按点赞数由高到低列出一些图片。用户可以点击排列出的图片查看详细图片。

（2）相关类设计。

①User：表示用户实体。

②Ranking：点赞排行的主界面，包含显示和跳转设定的功能。

③RankingPhoto：临时生成的类，由数据库的返回结果生成，包含图片信息和点赞数量及其排名的信息。

④RankingDAL：系统对用户查询点赞排行的数据进行访问处理的类。

⑤Database Connect：数据库连接类，对数据库进行连接并对数据进行操作。

⑥DB：用于连接数据库时，具体表示某个数据库内容的类。

（3）点赞排行类之间的关系如图 2.52 所示。

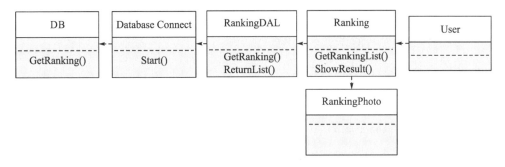

图 2.52 点赞排行类之间的关系

(4)点赞排行文件列表见表 2.19。

表 2.19 点赞排行文件列表

名称	类型	存放位置	说明
User	.cs	/Ranking/	相应用户管理文件
Ranking	.cs	/Ranking/	点赞排序文件
RankingPhoto	.cs	/Ranking/	点赞排序图片文件
RankingDAL	.cs	/Ranking/	点赞排序数据访问接口
Database	.cs	/HouseGood/	数据库操作文件

(5)点赞排行时序图如图 2.53 所示。

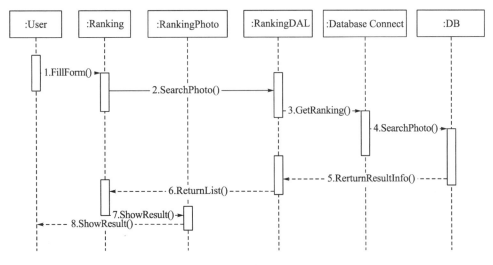

图 2.53 点赞排行时序图

4)时光轴

(1)功能设计描述。登录用户在自己的相册界面,点击"时光轴"按钮进入时光轴页面，在页面中设定显示的时间范围，可以看到该时间范围内自己上传图片的足迹，点击某张图片可以跳转到该图片的详情。

（2）相关类设计。

①User：表示用户实体。

②Scroll：时光轴的整体界面，包含时间范围设定和时光轴的显示部分。

③PhotoScroll：临时生成的类，用图片组成的时光轴。

④PhotoInfo：临时生成的类，时光轴中图片的信息。

⑤ScrollDAL：系统对用户查询时光轴的数据进行访问处理的类。

⑥Database Connect：数据库连接类，对数据库进行连接并对数据进行操作。

⑦DB：用于连接数据库时，具体表示某个数据库内容的类。

（3）时光轴类之间的关系如图 2.54 所示。

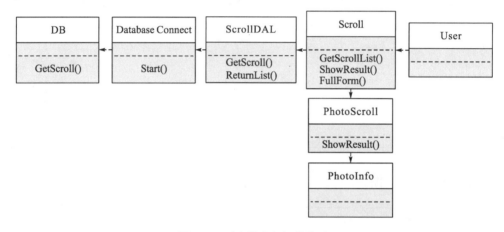

图 2.54　时光轴类之间的关系

（4）时光轴文件列表见表 2.20。

表 2.20　时光轴文件列表

名称	类型	存放位置	说明
User	.cs	/Scroll/	相应用户管理文件
Scroll	.cs	/Scroll/	时光轴代码文件
PhotoScroll	.cs	/Scroll/	时光轴图片文件
PhotoInfo	.cs	/Scroll/	时光轴图片管理
ScrollDAL	.cs	/Scroll/	时光轴数据访问接口
Database	.cs	/Scroll/	数据库各项操作文件

（5）时光轴时序图如图 2.55 所示。

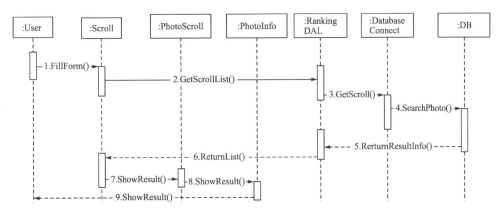

图 2.55 时光轴时序图

2.3 数据库设计

2.3.1 数据库表名

（1）登录表（user_login）。
（2）用户信息表（user_infor）。
（3）相册表（album_infor）。
（4）图片表（picture_infor）。
（5）评论表（remark_infor）。
（6）好友表（friends_infor）。
（7）好友交流表（friends_message）。
（8）留言表（comment_infor）。
（9）站内信表（message_infor）。

2.3.2 数据库表设计

数据库中表的结构及数据类型见表 2.21～表 2.29。

表 2.21 user_login 表结构

字段名称 (name)	代码名 (code)	字段类型及 长度(type)	是否为空 (null)	主键 (pk)	备注 (note)
用户编号	user_ID	int	N	Y	主键，唯一编号，自增长
登录名	user_LGN	int	N		
登录密码	login_PSW	varchar(20)	N		
用户类型	user_type	int	N		0 表示普通用户；1 表示管理员
用户状态	user_status	int	N		0 表示用户存在；1 表示用户删除

表 2.22　user_infor 表结构

字段名称 (name)	代码名 (code)	字段类型及长度 (type)	是否为空 (null)	主键 (pk)	备注 (note)
信息编号	infor_ID	int	N	Y	主键，唯一编号，自增长
用户编号	user_ID	int	Y		外键
用户邮箱	user_email	varchar(50)	Y		
用户昵称	user_nickname	varchar(20)	Y		
用户姓名	user_name	varchar(10)	Y		
用户性别	user_sex	varchar(2)	Y		
用户年龄	user_age	int	Y		
用户生日	user_brith	date	Y		
用户职业	user_career	varchar(20)	Y		
用户地址	user_address	varchar(50)	Y		
用户简介	user_infor	varchar(20)	Y		
用户权限	user_authority	int	N		0表示所有用户都可以查看；1表示仅好友可以查看；2表示不能被查看

表 2.23　album_infor 表结构

字段名称 (name)	代码名 (code)	字段类型及长度(type)	是否为空 (null)	主键 (pk)	备注 (note)
相册编号	album_ID	int	N	Y	主键，唯一编号，自增长
用户编号	user_ID	int	Y		外键
相册名	album_name	varchar(20)	N		
相册封面地址	album_coverPath	varchar(200)	N		
相册简介	album_infor	varchar(200)	N		
相册权限	album_authority	int	N		0表示所有用户都可以查看；1表示仅好友可以查看；2表示不能被查看
相册点赞个数统计	album_up	int	N		
相册创建时间	album_createTime	date	N		
相册状态	album_status	int	N		0表示相册存在；1表示相册被删除

表 2.24　picture_infor 表结构

字段名称 (name)	代码名 (code)	字段类型及长度 (type)	是否为空 (null)	主键 (pk)	备注 (note)
图片编号	picture_ID	int	N	Y	主键，唯一编号，自增长
相册编号	album_ID	int	Y		外键
图片标签	picture_tag	varchar(20)	N		
图片地址	picture_path	varchar(200)	N		
图片点赞数	picture_up	int	N		

字段名称 (name)	代码名 (code)	字段类型及长度 (type)	是否为空 (null)	主键 (pk)	备注 (note)
图片上传时间	picture_upTime	date	N		
图片最后一次修 改时间	picture_modifyTime	date	N		
图片权限	picture_authority	int	N		0 表示所有用户都 可以查看；1 表示仅 好友可以查看；2 表示不能被查看
图片状态	picture_status	int	N		0 表示图片存在；1 表示图片被删除

表 2.25 remark_infor 表结构

字段名称 (name)	代码名 (code)	字段类型及长度 (type)	是否为空 (null)	主键 (pk)	备注 (note)
评论编号	remark_ID	int	N	Y	主键，唯一编号， 自增长
图片编号	picture_ID	int	Y		外键
评论内容	remark_infor	varchar(200)	N		
评论时间	remark_time	date	N		
评论者昵称	remark_username	varchar(20)	N		
评论者编号	remark_userID	int	N		
评论状态	remark_status	int	N		0 表示评论存在；1 表示评论已删除

表 2.26 friends_infor 表结构

字段名称 (name)	代码名 (code)	字段类型及长度 (type)	是否为空 (null)	主键 (pk)	备注 (note)
用户编号 1	user_ID1	int	N	Y	主键，外键
用户编号 2	user_ID2	int	N	Y	主键，外键
好友状态	friends_status	int	N		0 表示好友存在； 1 表示删除好友

表 2.27 friends_message 表结构

字段名称 (name)	代码名 (code)	字段类型及长度 (type)	是否为空 (null)	主键 (pk)	备注 (note)
信息编号	message_ID	int	N	Y	主键，唯一编号，自 增长
用户编号 1	user_ID1	int	N		
用户编号 2	user_ID2	int	N		
信息内容	message_infor	varchar(200)	N		
信息时间	message_time	datetime	N		
信息状态	message_status	int	N		0 表示信息未读；1 表示信息已读；2 表 示信息已删除

表 2.28 comment_infor 表结构

字段名称 (name)	代码名 (code)	字段类型及长度 (type)	是否为空 (null)	主键 (pk)	备注 (note)
留言编号	comment_ID	int	N	Y	主键，唯一编号，自增长
被留言用户编号	user_ID	int	N		
留言内容	comment_infor	varchar(200)	N		
留言时间	comment_time	date	N		
留言者昵称	comment_username	varchar(20)	N		
留言者编号	comment_userID	int	N		
留言状态	comment_status	int	N		0 表示留言未删除；1 表示留言已删除

表 2.29 message_infor 表结构

字段名称 (name)	代码名 (code)	字段类型及长度 (type)	是否为空 (null)	主键 (pk)	备注 (note)
站内信编号	message_ID	int	N	Y	主键，唯一编号，自增长
发布者编号	user_ID	int	N		外键
接收者编号	message_receive	int	Y		
站内信内容	message_infor	varchar(200)	N		
发布时间	message_time	date	N		
站内信类型	message_type	int	N		0 表示广播；1 表示向单独用户发布
站内信状态	message_status	int	N		0 表示站内信未删除；1 表示站内信已删除

2.4 原型设计

2.4.1 用户注册

用户进入注册页面，输入邮箱和密码，点击"注册"按钮即可完成注册(图 2.56)。

图 2.56 注册界面

2.4.2　用户登录

用户进入登录页面，输入正确的用户名和密码，点击"登录"即可进入系统(图2.57)。

图 2.57　登录界面

2.4.3　个人信息

点击"个人资料查看及修改"选项，可进入个人资料页面进行查看和修改(图2.58)。

图 2.58　个人资料修改界面

2.4.4　个人相册

点击"我的相册"选项进入相册页面，可查看、添加、删除和修改相册(图2.59)。

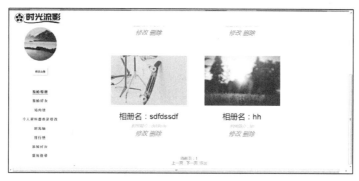

图 2.59　相册修改界面

点击"添加"按钮进入相册添加页面(图2.60)。

图 2.60　相册添加界面

点击"修改"按钮进入相册修改页面,可删除或添加图片(图2.61)。

图 2.61　相册修改界面

2.4.5　时光轴

点击"时光轴"选项可进入时光轴页面(图2.62)。

图 2.62　时光轴界面

2.4.6　好友管理

点击"我的好友"选项进入好友信息页面，可进行删除好友操作(图 2.63)。

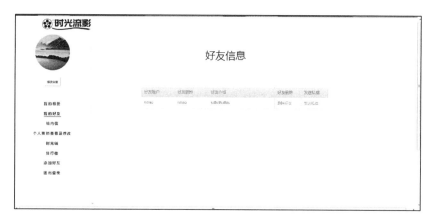

图 2.63　好友信息界面

点击"添加好友"选项可进行查找好友、添加好友操作(图 2.64)。

图 2.64　添加好友界面

2.4.7　私信

点击"我的好友"选项进入好友信息页面，点击"发送私信"，可向指定好友发送私信(图 2.65)。

图 2.65　发送私信界面

点击"站内信"选项可查看好友私信及系统信息(图 2.66)。

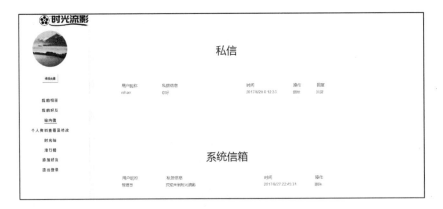

图 2.66　查看私信和系统信箱界面

2.4.8　管理员登录

管理员进入登录页面输入正确的用户名及密码,点击"登录"即可登录系统(图 2.67)。

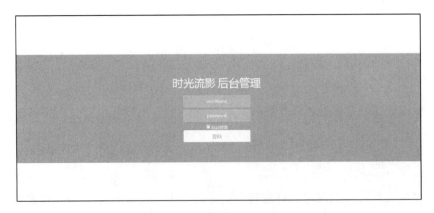

图 2.67　管理员登录界面

2.4.9　用户信息管理

管理员登录时光流影网站后台管理系统，可对用户信息进行查找、审核和删除操作（图 2.68）。

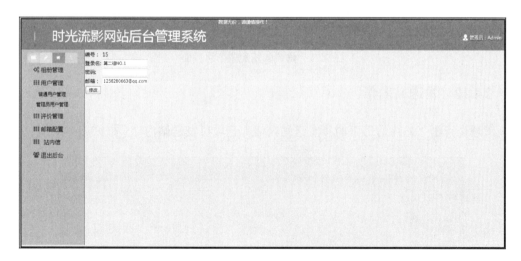

图 2.68　用户信息管理界面

点击"修改"按钮可进入用户信息修改页面（图 2.69）。

图 2.69　用户信息修改界面

2.4.10　相册管理

管理员点击"查看所有相册"可对所有相册进行查找、审核、删除操作（图 2.70）。

图 2.70　相册评审界面

2.4.11　修改邮箱配置

管理员点击"邮箱配置"下的"修改配置"可修改邮箱配置信息(图 2.71)。

图 2.71　修改邮箱配置信息界面

2.4.12　发送站内信

管理员点击"站内信"下的"发送站内信"选项可发送站内信(图 2.72)。

图 2.72　发送站内信界面

2.4.13　个人空间

个人空间主页包括个人信息、相册、留言板等（图 2.73～图 2.75）。

图 2.73　个人空间主页界面

图 2.74　相册界面

图 2.75　留言板界面

2.4.14 图片展示

点击"相册"进入相册详情，展示图片(图 2.76)。

图 2.76 相册界面

用户点击图片可查看图片详情(图 2.77)。

图 2.77 图片详情界面

2.4.15 推荐相册展示

用户点击"主页"进入后，主页会显示系统推荐的相册(图 2.78)。

图 2.78 推荐相册界面

2.4.16 用户评论

用户进入图片详情页面可查看和评论图片（图 2.79）。

图 2.79　查看和评论图片界面

2.4.17 用户点赞

用户进入相册详情界面，可为图片点赞（图 2.80）。

图 2.80　点赞界面

2.4.18 点赞排行榜

用户点击"排行榜"选项可查看点赞排行榜（图 2.81）。

图 2.81　点赞排行榜界面

2.4.19　找回密码

在找回密码界面，输入登录名和验证码，点击"提交"进入下一步(图 2.82)。

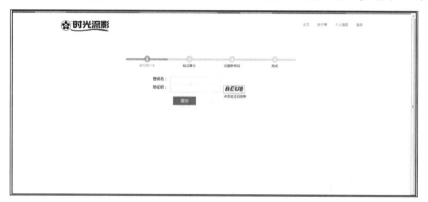

图 2.82　找回密码界面

输入验证邮箱及邮箱验证码，点击"提交"进入下一步(图 2.83)。

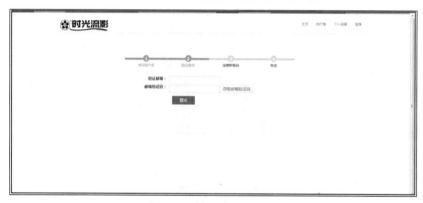

图 2.83　输入验证码界面

输入新密码并确认后点击"提交"，即修改密码成功(图 2.84)。

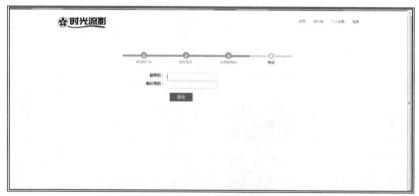

图 2.84　修改密码界面

2.5　代码编写

通过扫描右边二维码可获得该项目具体实现代码。

2.6　系统测试

2.6.1　功能测试

功能测试用于验证系统中的所有功能，包括：用户登录注册、相册管理、评论、点赞、用户信息管理、时光轴等功能。通过这些测试用例，达到了排查系统漏洞的目的。

用户登录注册信息测试用例见表 2.30。

表 2.30　用户登录注册信息测试用例

用例编号：01
原型描述：用户登录：用户名存在、密码正确的情况下，进入系统；用户名不存在，跳转到"注册"页面进行注册；注册成功，登录成功，进入系统
用例目的：完成用户的登录和注册功能　　　　前提条件：项目正常安全可运行

子用例编号	输入	操作步骤	期望结果	实测结果	状态
TEST1	登录用户 1	令姓名数据为空，其余数据正常填写，点击提交	无法登录，提示输入用户名	一致	通过
TEST2	登录用户 2	正确填写用户密码，点击提交	登录成功	一致	通过
TEST3	注册新用户 1	在文本框输入无效数据，点击提交	注册失败	一致	通过
TEST4	注册新用户 2	在各文本框输入有效数据，点击提交	注册成功	一致	通过

个人相册管理测试用例见表 2.31。

表 2.31　个人相册管理测试用例

用例编号：02　　　　原型描述：点击"我的相册"进入"相册"页面查看、添加、删除和修改相册
用例目的：完成个人相册管理　　前提条件：项目正常安全可运行

子用例编号	输入	操作步骤	期望结果	实测结果	状态
TEST1	增添相册	点击增添相册	成功增添相册	一致	通过
TEST2	删除相册	点击删除相册	成功删除相册	一致	通过
TEST3	增添图片	点击添加图片，选择要上传的图片，点击确认	成功在相册中添加图片	一致	通过
TEST4	删除图片	选择要删除的图片，点击删除	成功在相册中删除图片	一致	通过

好友管理测试用例见表 2.32。

表 2.32　好友管理测试用例

用例编号：03　　　　　　　　　　　　原型描述：点击"我的好友"选项进入"好友列表"页面进行添加和删除好友操作
用例目的：完成好友管理功能　　　　　前提条件：项目正常安全可运行

子用例编号	输入	操作步骤	期望结果	实测结果	状态
TEST1	添加好友	输入正确的用户名，点击添加	成功添加好友	一致	通过
TEST2	添加好友	输入错误的用户名	不能查询到用户信息，添加失败	一致	通过
TEST3	删除好友	选择要删除的好友，点击删除	成功删除好友	一致	通过

私信功能测试用例见表 2.33。

表 2.33　私信功能测试用例

用例编号：04　　　　　　　　　　　　原型描述：点击"我的好友"选项进入"好友列表"页面发送和删除私信
用例目的：完成发送私信、接收私信　　前提条件：项目正常安全可运行

子用例编号	输入	操作步骤	期望结果	实测结果	状态
TEST1	向好友发送私信	点击需要联系的好友，输入文本，点击发送	成功给好友发送私信	一致	通过
TEST2	接收私信	点击站内信	成功查看好友私信	一致	通过
TEST3	删除私信	点击站内信，选择需要删除的私信，点击删除	成功删除私信	一致	通过

用户信息后台管理测试用例见表 2.34。

表 2.34　用户信息后台管理测试用例

用例编号：05　　　　　　　　　　　　原型描述：管理员可对用户信息进行查找、审核、删除操作
用例目的：管理员完成对用户的管理　　前提条件：项目正常安全可运行

子用例编号	输入	操作步骤	期望结果	实测结果	状态
TEST1	查找用户	点击查找用户，输入用户 ID	可以成功显示搜索的用户	一致	通过
TEST2	修改用户信息	选择需要修改的用户，点击修改，输入新的用户信息	成功修改用户信息	一致	通过
TEST3	删除用户	选择需要删除的用户，点击删除	成功删除用户	一致	通过

修改邮箱配置测试用例见表 2.35。

表 2.35　修改邮箱配置测试用例

用例编号：06　　　　　　　　　　　　原型描述：修改邮箱的配置信息
用例目的：修改邮箱信息　　　　　　　前提条件：项目正常安全可运行

子用例编号	输入	操作步骤	期望结果	实测结果	状态
TEST1	修改邮箱信息	在文本中输入新的邮箱信息，点击修改	可以成功修改邮箱配置	一致	通过

图片评论和点赞测试用例见表 2.36。

表 2.36　图片评论和点赞测试用例

用例编号：07　　　　　　　　　　　　　　　　原型描述：进入"图片详情"页面进行评论和点赞操作
用例目的：对图片进行评论和点赞　　　　　　　前提条件：项目正常安全可运行

子用例编号	输入	操作步骤	期望结果	实测结果	状态
TEST1	评论	在文本中输入评论文字，点击评论	可以成功显示评论	一致	通过
TEST2	点赞	点击"点赞"按钮	成功点赞	一致	通过

2.6.2　界面测试

界面测试涵盖了系统中所有的界面，包括对界面中是否有乱码、表格是否对齐、界面图片能否显示等进行了测试（表 2.37）。

表 2.37　界面测试用例

子用例编号	界面	界面测试	期望结果	实测结果	状态
TEST1	用户信息界面	进入用户信息界面	正常显示用户信息界面	一致	通过
TEST2	用户登录界面	进入用户登录界面	正常显示用户登录界面，并可以正常输入用户名和密码	一致	通过
TEST3	用户管理相册界面	进入相册界面	正常显示相册列表	一致	通过
TEST4	个人空间展示界面	进入个人空间展示界面	正常显示用户个人空间	一致	通过
TEST5	用户时光轴界面	进入用户时光轴界面	图片能按照时间顺序进行展示	一致	通过
TEST6	用户私信界面	进入用户私信界面	正常显示用户列表，并且能在文本框正常输入私信内容	一致	通过
TEST7	好友管理界面	进入好友管理界面	正常显示好友列表，并可以进行添加、删除好友	一致	通过
TEST8	管理员登录界面	进入管理员登录界面	正常显示管理员登录界面，并可以正常输入管理员用户名和密码	一致	通过

2.6.3　部署测试

部署测试主要是测试将本系统发布在 Tomcat 上能否成功，测试用例见表 2.38。

表 2.38　部署测试用例

用例编号：01　　　　　　　　　　　　　　　　原型描述：将系统发布在 Tomcat
用例目的：系统正常部署　　　　　　　　　　　前提条件：项目正常安全可运行

子用例编号	输入	操作步骤	期望结果	实测结果	状态
TEST1	部署 Tomcat	利用 Tomcat 自动部署	输入网址，可以正常进入系统，并可登录	一致	通过

项目 2　甜蜜日记——婚庆管理信息系统

3.1　需　求　分　析

3.1.1　项目介绍

文化事业和文化产业的蓬勃发展，是党在十九大中提出的全面建成小康社会、开启全面建设社会主义现代化国家新征程、实现中华民族伟大复兴宏伟蓝图的重要战略部署，而信息化正是文化事业繁荣的最好助推剂。信息化建设在我国各行各业全面加速展开，传统产业与新经济呈飞速融合发展态势，基于互联网、大数据、云计算、物联网、人工智能的服务应用和创新日益活跃。当前，信息化管理已成为企业提高管理效率、降低管理成本、增强竞争力的必要手段。

服务业是人类社会历经农业社会、工业社会之后，进入信息社会的主要经济形态(阿尔文·托夫勒，《第三次浪潮》)，其在主要发达国家的 GDP 占比已经超过 40%。在信息社会中，信息交换是现代服务业的一个重要特征。只有经过充分的信息交换，才能使社会资源得到最佳配置。服务业信息化的重要内容是流程再造、管理创新，通过流程优化重组、管理方式及手段创新实现对资源的优化配置。

随着我国社会经济水平的不断提高，婚庆产业作为新兴服务行业在国内已进入全面爆发期，各类婚庆公司如雨后春笋般涌现。婚庆产业正逐渐成长为一个新的朝阳产业，随着城镇居民消费能力的持续提升，预计到婚庆消费将会保持高速增长趋势，预计到 2021 年，全国婚庆行业市场规模增至 3.37 万亿元。随着新一轮婚育高峰期的到来及消费水平的快速提高，婚庆消费总额也将不断上升，使得婚庆产业的发展态势稳中向好。因此，婚庆企业传统以人力为主的管理模式已不能满足现代企业的发展需求，迫切需要建立相应的信息系统管理公司信息、优化婚礼流程与资源配置，进一步提升企业竞争力。

本书设计研发的婚庆管理系统可提供对客户资料、订单信息及婚庆套餐等信息的管理，也可为用户线上选购婚礼套餐提供服务，让用户真正做到足不出户定制婚礼。系统不仅为婚庆公司管理各类信息带来了极大便利，也为婚庆公司降低信息管理成本、提高竞争力提供了解决方案。

该婚庆管理系统基于 Java 语言开发，使用 HTML、CSS 层叠样式表、JavaScript 进行前端页面设计，选用 MySQL 数据库进行数据存储。

3.1.2　主要功能

本系统分为四大模块：婚庆预定模块、个人中心模块、网站信息管理模块、订单管理模块(图 3.1)，各系统模块的主要功能见表 3.1。

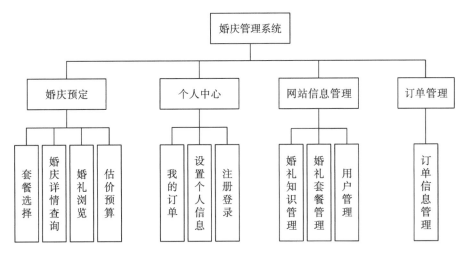

图 3.1　婚庆系统模块图

表 3.1　各系统模块的主要功能

模块名称	模块内容描述
婚庆预定模块	婚礼套餐的浏览与选择、对婚庆费用进行预估
个人中心模块	用户的注册与登录、用户个人信息的查看与修改、对用户收藏的商品及订单进行查看
网站信息管理模块	管理员对婚礼套餐进行上架及对已上架的套餐进行查看、修改和删除；管理员对用户的信息及订单进行查看与修改
订单管理模块	用户对订单进行添加、删除，并预留订单支付接口

1. 婚庆预定模块

该模块主要包括：套餐选择、婚庆详情查询、估价预算、婚礼浏览(图 3.2)。

(1)套餐选择：提供用户点击"套餐"，进入套餐浏览界面。

(2)婚庆详情查询：提供不同套餐的婚礼详情，展示套餐所有案例。

(3)估价预算：提供用户选择某价格区间后，展示该价格区间的所有案例。

(4)婚礼浏览：提供用户浏览界面中有关婚礼的所有图片。

2. 个人中心模块

个人中心模块主要包括：我的订单、设置个人信息、注册登录(图 3.3)。

(1)我的订单：提供查看已提交订单的进度情况。

(2)设置个人信息：进入个人中心，查看、修改个人信息。

(3)注册登录：用户以及管理员的注册登录。

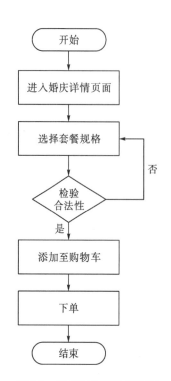

图 3.2 婚庆预定模块流程图

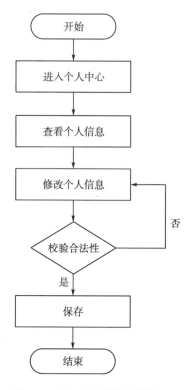

图 3.3 个人中心模块流程图

3. 网站信息管理模块

网站信息管理模块主要包括：婚礼知识管理、婚礼套餐管理、用户管理(图 3.4)。

(1)婚礼知识管理：提供用户查询婚礼相关知识信息，可进行增删改查。

(2)婚礼套餐管理：提供用户查询婚礼套餐相关信息，可进行增删改查。

(3)用户管理：提供管理员对用户身份信息、姓名、联系方式的修改。

4. 订单管理模块

订单管理模块主要包括：增加订单、订单信息查询、删除订单(图 3.5)。

(1)增加订单：用户浏览婚礼套餐选项，进行下订单处理。

(2)订单信息查询：用户在登录后，可以进入订单管理中查看所有订单情况；管理员在登录后，可以进入订单管理中对订单进行增删改查。

(3)删除订单：管理员在登录后，可以进入订单管理中，选择某个未完成订单进行取消订单处理。

3.1.3 系统用例图

系统用例图如图 3.6 所示。

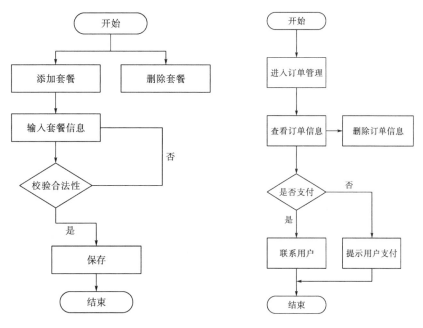

图 3.4　网站信息管理模块流程图　　　　图 3.5　订单管理模块流程图

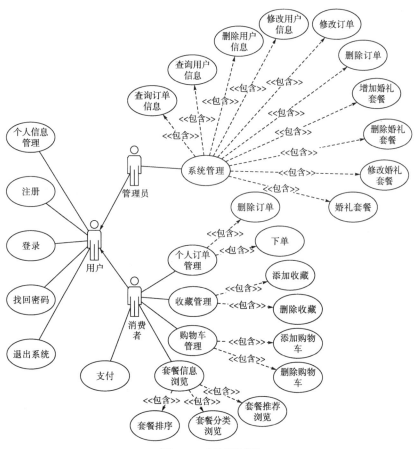

图 3.6　系统用例图

3.2 系 统 设 计

3.2.1 设计思路

本系统采用标准的三层架构设计模式，即数据访问层+业务逻辑层+表示层(图 3.7)。

3.2.2 分解描述

1. 网站信息管理模块

1)婚礼知识管理

对系统的婚礼知识内容进行增删改查(图 3.8)。

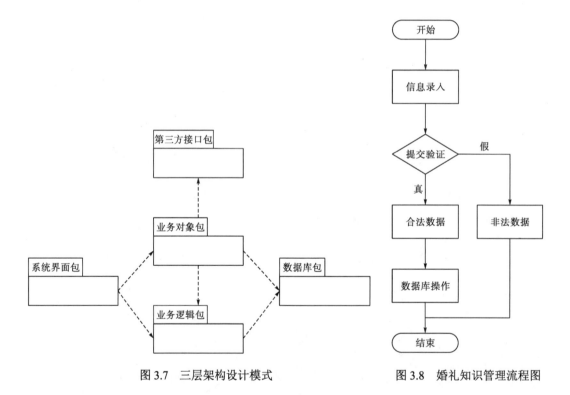

图 3.7 三层架构设计模式   图 3.8 婚礼知识管理流程图

(1)增加婚礼知识。

①功能设计描述。管理员在后台管理系统新增婚礼知识信息。管理员填写所有婚礼知识的属性，点击"提交"按钮提交到后台进行处理，如果数据不合法或者数据冲突提示管理员重新输入，如果数据合法则提交到后台系统加入数据库。

②相关类设计。

MKmanagement：该类用于对婚礼知识的增删改查管理。

MKDB：该类是对婚礼知识数据库进行操作的类。

③增加婚礼知识类之间的关系如图3.9所示。

④增加婚礼知识时序图如图3.10所示。

(2)删除婚礼知识。

①功能设计描述。管理员在后台系统选择要删除的婚礼知识内容，通过点击"删除"按钮实现。

②相关类设计。

MKmanagement：该类用于对婚礼知识的增删改查管理。

MKDB：该类是对婚礼知识数据库进行操作的类。

③删除婚礼知识类之间的关系如图3.9所示。

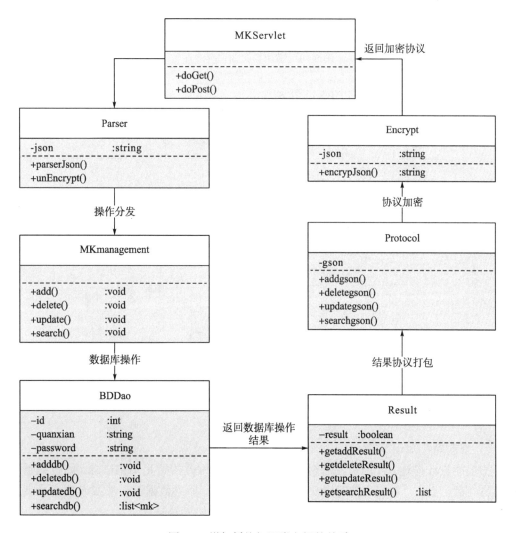

图3.9 增加婚礼知识类之间的关系

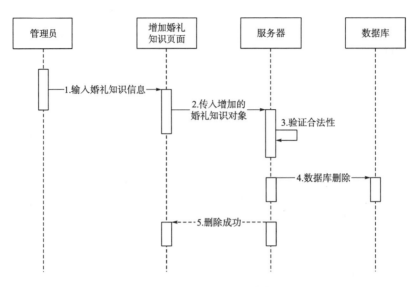

图 3.10　增加婚礼知识时序图

④删除婚礼知识时序图如图 3.11 所示。

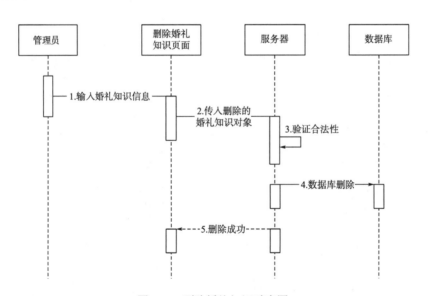

图 3.11　删除婚礼知识时序图

(3) 修改婚礼知识。

①功能设计描述。管理员在后台管理系统选择要修改的婚礼知识信息。修改完婚礼知识的属性后，点击"提交"按钮提交到后台进行处理，如果数据不合法或者数据冲突就提示管理员重新输入，如果数据合法就提交到后台系统加入数据库。

②相关类设计。

MKmanagement：该类用于对婚礼知识的增删改查管理。

MKDB：该类是对婚礼知识数据库进行操作的类。

③修改婚礼知识类之间的关系如图 3.9 所示。

④修改婚礼知识时序图如图 3.12 所示。

（4）查询婚礼知识。

①功能设计描述。管理员在后台管理系统通过勾选查询条件查询需要的婚礼知识信息。

②相关类设计。

MKmanagement：该类用于对婚礼知识的增删改查管理。

MKDB：该类是对婚礼知识数据库进行操作的类。

③查询婚礼知识类之间的关系如图 3.9 所示。

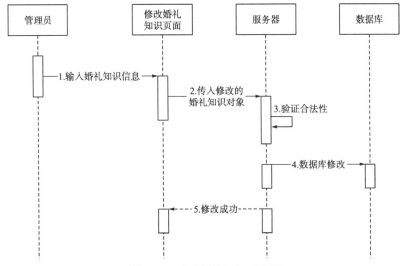

图 3.12　修改婚礼知识时序图

④查询婚礼知识时序图如图 3.13 所示。

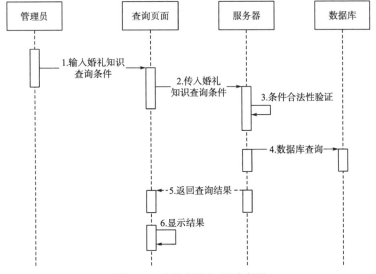

图 3.13　查询婚礼知识时序图

2)婚礼套餐管理

对系统的婚礼套餐进行增删改查(图 3.14)。

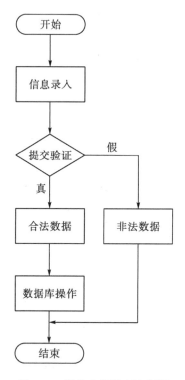

图 3.14　婚礼套餐管理流程图

(1)增加婚礼套餐。

①功能设计描述。管理员增加一个婚礼套餐，设置完套餐的价格、规格、套餐所含的服务、婚车、酒店、酒席信息后，点击"提交"按钮提交到后台进行处理，如果数据不合法或者数据冲突则提示管理员重新输入，如果数据合法则提交到后台系统加入数据库。

②相关类设计。

MKmanagement：该类用于对婚礼套餐的增删改查管理。

MKDB：该类是对婚礼套餐数据库进行操作的类。

③增加婚礼套餐类之间的关系如图 3.9 所示。

④增加婚礼套餐时序图如图 3.15 所示。

(2)删除婚礼套餐。

①功能设计描述。管理员在后台系统选择要删除的婚礼套餐，通过点击"删除"下架。

②相关类设计。

MKmanagement：该类用于对婚礼套餐的增删改查管理。

MKDB：该类是对婚礼套餐数据库进行操作的类。

③删除婚礼套餐类之间的关系如图 3.9 所示。

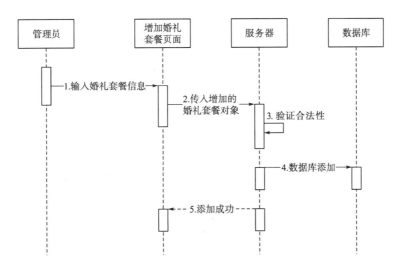

图 3.15　增加婚礼套餐时序图

④删除婚礼套餐时序图如图 3.16 所示。

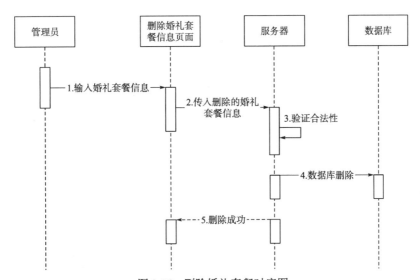

图 3.16　删除婚礼套餐时序图

(3)修改婚礼套餐。

①功能设计描述。管理员在后台管理系统选择要修改的婚礼套餐,修改完婚礼套餐的属性后,点击"提交"按钮提交到后台进行处理,如果数据不合法或者数据冲突则提示管理员重新输入,如果数据合法则提交到后台系统加入数据库。

②相关类设计。

MKmanagement:该类用于对婚礼套餐的增删改查管理。

MKDB:该类是对婚礼套餐数据库进行操作的类。

③修改婚礼套餐类之间的关系如图 3.9 所示。

④修改婚礼套餐时序图如图 3.17 所示。

(4) 查询婚礼套餐。

①功能设计描述。管理员在后台管理系统通过勾选查询条件查询需要的婚礼套餐信息。

②相关类设计。

MKmanagement：该类用于对婚礼套餐的增删改查管理。

MKDB：该类是对婚礼套餐数据库进行操作的类。

③查询婚礼套餐类之间的关系如图 3.9 所示。

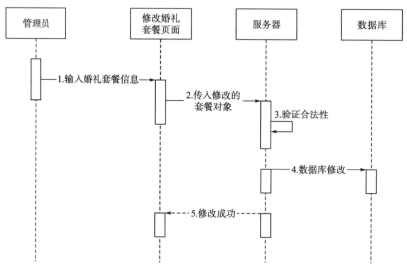

图 3.17　修改婚礼套餐时序图

④查询婚礼套餐时序图如图 3.18 所示。

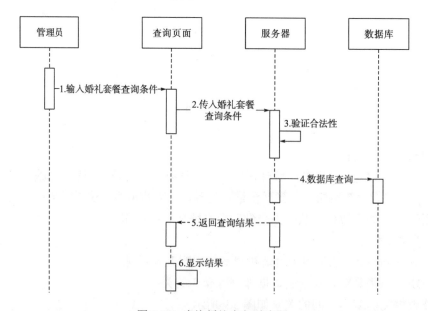

图 3.18　查询婚礼套餐时序图

3)用户管理

对用户(管理员)信息进行增删改查(图 3.19)。

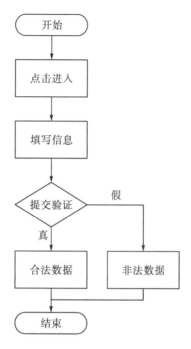

图 3.19 用户管理流程图

(1)增加用户(管理员)。

①功能设计描述。管理员(超级管理员)可在后台管理系统新增(用户)管理员。

②相关类设计。

UserManagement：该类用于对用户的增删改查管理。

UserDB：该类是对用户数据库进行操作的类。

ManagerMangement：该类是对管理员数据库进行操作的类。

ManagerDB：该类是对管理员数据库进行操作的类。

③增加用户类之间的关系如图 3.9 所示。

④增加用户时序图如图 3.20 所示。

(2)删除用户(管理员)。

①功能设计描述。管理员(超级管理员)在后台系统选择要删除的用户(管理员)，通过点击"删除"实现。

②相关类设计。

UserManagement：该类用于对用户的增删改查管理。

UserDB：该类是对用户数据库进行操作的类。

ManagerMangement：该类是对管理员数据库进行操作的类。

ManagerDB：该类是对管理员数据库进行操作的类。

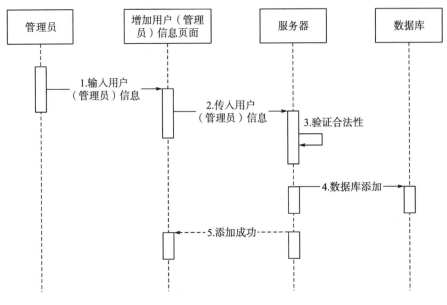

图 3.20　增加用户时序图

③删除用户类之间的关系如图 3.21、图 3.9 所示。

④删除用户时序图如图 3.22 所示。

(3)修改用户(管理员)。

①功能设计描述。管理员(超级管理员)在后台管理系统选择要修改的用户(管理员),修改完用户(管理员)的属性后,点击"提交"按钮提交到后台进行处理,如果数据不合法或者数据冲突则提示管理员重新输入,如果数据合法则提交到后台系统加入数据库。

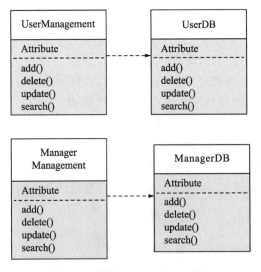

图 3.21　删除用户类之间的关系

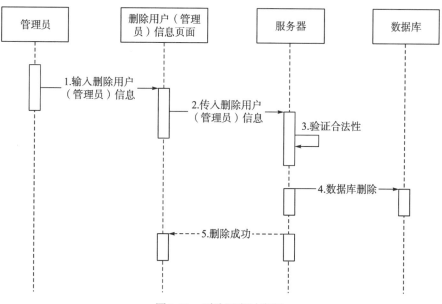

图 3.22 删除用户时序图

②相关类设计。

UserManagement：该类用于对用户的增删改查管理。

UserDB：该类是对用户数据库进行操作的类。

ManagerMangement：该类是对管理员数据库进行操作的类。

ManagerDB：该类是对管理员数据库进行操作的类。

③修改用户类之间的关系如图 3.21、图 3.9 所示。

④修改用户时序图如图 3.23 所示。

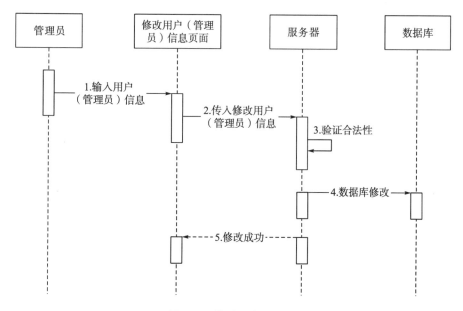

图 3.23 修改用户时序图

(4) 查询用户(管理员)信息。

①功能设计描述。管理员(超级管理员)在后台管理系统通过勾选查询条件查询需要的用户(管理员)信息。

②相关类设计。

UserManagement：该类用于对用户的增删改查管理。

UserDB：该类是对用户数据库进行操作的类。

ManagerMangement：该类是对管理员数据库进行操作的类。

ManagerDB：该类是对管理员数据库进行操作的类。

③查询用户信息类之间的关系如图 3.9 所示。

④查询用户信息时序图如图 3.24 所示。

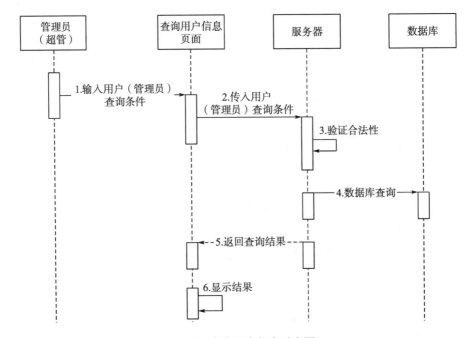

图 3.24　查询用户信息时序图

4) 订单管理

对订单信息进行增删改查(图 3.25)。

(1) 增加订单。

①功能设计描述。管理员可在后台管理系统新增订单。

②相关类设计。

OrderManagement：该类用于对订单的增删改查管理。

OrderDB：该类是对订单数据库进行操作的类。

③增加订单类之间的关系如图 3.9 所示。

④增加订单时序图如图 3.26 所示。

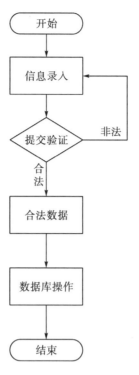

图 3.25　订单管理流程图

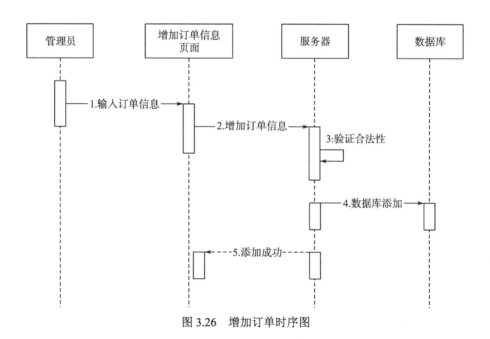

图 3.26　增加订单时序图

（2）删除订单。

①功能设计描述。管理员在后台系统选择要删除的订单，通过点击"删除"实现。

②相关类设计。

OrderManagement：该类用于对订单的增删改查管理。

OrderDB：该类是对订单数据库进行操作的类。

③删除订单类之间的关系如图 3.9 所示。

④删除订单时序图如图 3.27 所示。

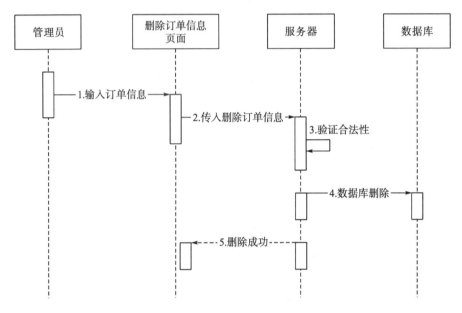

图 3.27　删除订单时序图

(3)订单修改。

①功能设计描述。管理员在后台管理系统选择要修改的订单。修改完订单的属性后，点击"提交"按钮提交到后台进行处理，如果数据不合法或者数据冲突则提示管理员重新输入，如果数据合法则提交到后台系统加入数据库。

②相关类设计。

OrderManagement：该类用于对订单的增删改查管理。

OrderDB：该类是对订单数据库进行操作的类。

③订单修改类之间的关系如图 3.9 所示。

④订单修改时序图如图 3.28 所示。

(4)订单查询。

①功能设计描述。管理员在后台管理系统通过勾选查询条件查询需要的订单信息。

②相关类设计。

OrderManagement：该类用于对订单的增删改查管理。

OrderDB：该类是对订单数据库进行操作的类。

③订单查询类之间的关系如图 3.9 所示。

④订单查询时序图如图 3.29 所示。

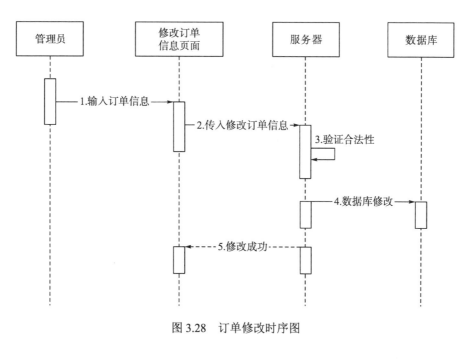

图 3.28 订单修改时序图

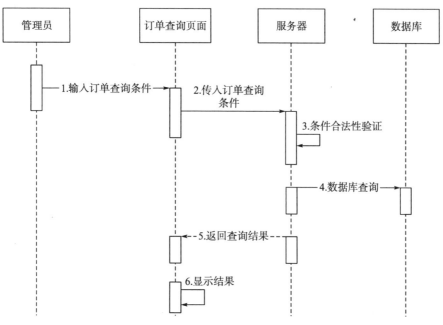

图 3.29 订单查询时序图

2. 个人中心模块

负责用户的注册、登录、个人信息的管理以及留言板管理(图 3.30)。

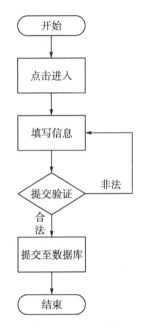

图 3.30　个人中心管理流程图

1）用户注册

（1）功能设计描述。用户通过登录页面或网站主页面或其他提示页面的"注册"按钮进入用户注册页面，输入手机号、密码、确认密码，点击"注册"。由 Web 前端验证输入是否有效，若输入无效，则提示无效，让用户重新输入；若有效，则将输入信息传入服务器中验证手机号是否已被注册，若已被注册，则提示手机号已被注册，让用户重新输入，若未被注册，则将注册信息录入数据库并返回"注册成功"，页面跳转至主页面。

（2）相关类设计。

①RegisterAction：该类提供用户注册页面功能，如两次输入的密码是否一致、输入是否有效，同时提供对密码的加密。传输数据到处理类，并返回"注册成功"的跳转页面。并且完成对数据的核实。

②UserService：该类用于用户数据处理，提供必要属性，在本流程中处理注册相关逻辑问题。同时提供用户信息加密、对密码的加密等功能。

③UserDao：该类提供数据库处理，在本流程中，用于查询注册手机号是否重复，并将注册信息写入数据库。

（3）用户注册类之间的关系如图 3.31 所示。

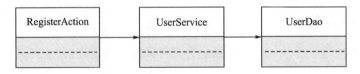

图 3.31　用户注册类之间的关系

(4)用户注册文件列表见表 3.2。

表 3.2　用户注册文件列表

名称	类型	存放位置	说明
RegisterAction	.aspx	/WEDDING	输入数据录入
UserService	.aspx	/WEDDING	用户注册处理逻辑
UserDao	.aspx	/WEDDING	数据库操作

(5)用户注册时序图如图 3.32 所示。

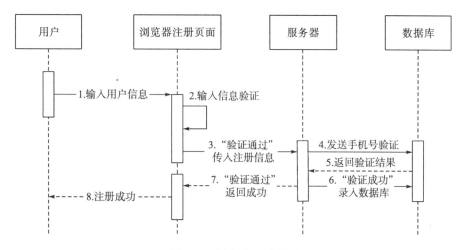

图 3.32　用户注册时序图

2)用户登录

(1)功能设计描述。用户通过网站主页或其他提示框的"登录"按钮进入登录页面，输入手机号和密码，若手机号和密码正确，则登录成功，跳转至登录的网站主页或当前页面；若输入手机号不符合格式或输入手机号和密码不匹配，则不能登录，显示"输入手机号或者密码错误"，让用户重新输入。

(2)相关类设计。

①UserService：该类用于用户数据处理，提供必要属性，在本流程中处理登录相关逻辑问题。

②UserDao：该类提供数据库处理，在本流程中，用于查询账号是否存在、账号与密码是否匹配。

(3)用户登录类之间的关系如图 3.33 所示。

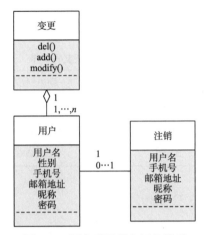

图 3.33   用户登录类之间的关系

(4)用户登录文件列表见表 3.3。

表 3.3   用户登录文件列表

名称	类型	存放位置	说明
LoginAction	.aspx	/WEDDING	输入数据录入
UserService	.aspx	/WEDDING	用户登录处理逻辑
UserDao	.aspx	/WEDDING	数据库操作

(5)用户登录时序图如图 3.34 所示。

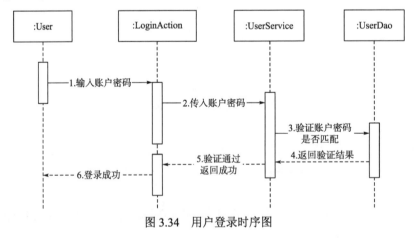

图 3.34   用户登录时序图

3)管理员登录

管理员登录功能设计与用户登录相同。

4)用户个人信息设置

(1)功能设计描述。用户可以修改自己的基本信息：邮箱、昵称、头像、真实姓名、性别、年龄、生日、职业、城市地址、自我介绍、信息是否公开。用户修改密码，输入原密码和两次新密码，如果输入原密码错误，显示"原密码错误，请重新输入原密码"；如果输入原密码正确，两次输入的新密码不相同，显示"新密码与确认新密码不相同，请重新输入"；如果输入原密码正确，两次输入的新密码相同，点击"修改"，成功修改后由修改页面跳转至用户个人信息页面。

（2）相关类设计。

①EditUserAction：该类提供用户输入信息的有效性验证并给出提示，将验证通过的用户信息修改传入用户信息处理类中，经过处理得到返回结果。该类将最后返回结果表示出来。

②UserService：该类实现普通用户的所有业务逻辑处理工作，在本流程中用于验证用户基本信息，处理信息设置中的逻辑问题。

③UserDao：该类在修改密码中验证原密码是否匹配，将验证结果返回逻辑处理中。该类还将通过验证的个人信息存入数据库中，返回"修改成功"。

（3）用户个人信息设置类之间的关系如图 3.35 所示。

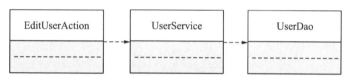

图 3.35 用户个人信息设置类之间的关系

（4）用户个人信息设置文件列表见表 3.4。

表 3.4 用户个人信息设置文件列表

名称	类型	存放位置	说明
EditUserAction	.aspx	/WEDDING	个人信息数据录入
UserService	.aspx	/WEDDING	用户个人信息处理逻辑
UserDao	.aspx	/WEDDING	数据库操作

（5）用户个人信息设置时序图如图 3.36 所示。

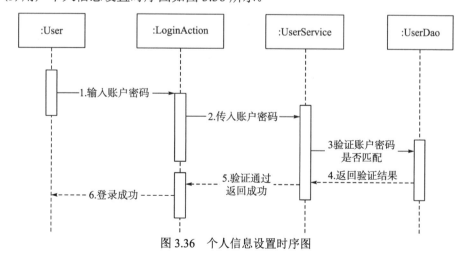

图 3.36 个人信息设置时序图

3. 婚庆预定模块

1)婚庆预定

(1)功能设计描述。此功能模块可供用户预订婚庆套餐,用户在套餐页面选择好套餐后点击预订并支付。

(2)相关类设计。

①商品类,具体信息如图 3.37 所示。此类描述了商品的具体信息。

tb_goods	
+ GOODS_ID	: xsd:long
+ GOODS_NUMBER	: xsd:string
+ GOODS_NAME	: xsd:string
+ GOODS_PRICE	: xsd:double
+ GOODS_DESCRIPT	: xsd:string
+ GOODS_CONTEXT	: xsd:string
+ GOODS_IMAGENAME	: xsd:string
+ GOODS_BUY_NUM	: xsd:int
+ GOODS_VIEW_NUM	: xsd:int
+ GOODS_SAVE_INFO	: xsd:int
+ GOODS_QUERY	: xsd:int
+ GOODS_REVIEWS	: xsd:int
+ GOODS_FAVORITES	: xsd:int
+ CLASSIFY_ID	: xsd:int
+ STATUS	: xsd:int
+ CREATE_TIME	: xsd:date
+ CREATE_BY	: xsd:string
+ UPDATE_TIME	: xsd:date
+ UPDATE_BY	: xsd:string

图 3.37　商品类具体信息

②订单类,具体信息如图 3.38 所示。此类描述了一个订单实体。

③商品描述类,具体信息如图 3.39 所示。此类描述了一个商品的具体详情。

tb_order	
+ ORDER_ID	: xsd:long
+ ORDER_NUMBER	: xsd:string
+ ACCOUNT_ID	: xsd:int
+ ORDER_DATE	: xsd:date
+ TOTAL_MONEY	: xsd:double
+ ORDER_STATE	: xsd:int
+ ADDRESS_ID	: xsd:int
+ PAY_TYPE	: xsd:int
+ PAY_STATUS	: xsd:int
+ PAYMENT	: xsd:string
+ SEND_TYPE	: xsd:int
+ SEND_TIME	: xsd:int
+ INVOICEL_TYPE	: xsd:int
+ INVOICEL_TITLE	: xsd:string
+ USER_MESSAGE	: xsd:string
+ LIVING_TIME	: xsd:date

tb_goods_spec	
+ SPEC_ID	: xsd:long
+ GOODS_ID	: xsd:int
+ SPEC_COLOR	: xsd:string
+ SPEC_SIZE	: xsd:string
+ SPEC_PRICE	: xsd:double
+ SPEC_SAVE_INFO	: xsd:int
+ SPEC_STATUS	: xsd:int

图 3.38　订单类具体信息　　　　图 3.39　商品描述类具体信息

(3)婚庆预定类之间的关系如图 3.40 所示。

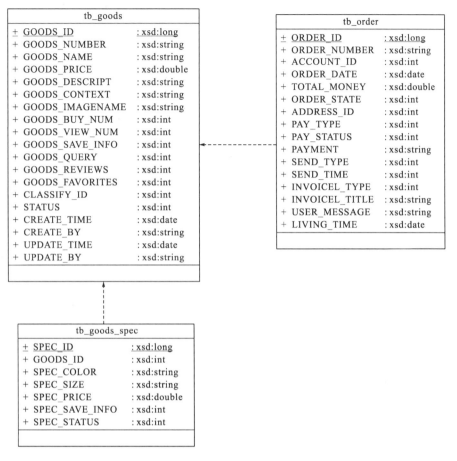

图 3.40 婚庆预定类之间的关系

(4)婚庆预定文件列表见表 3.5。

表 3.5 婚庆预定文件列表

名称	类型	存放位置	说明
Goods	.java	/src/main/java/com/morning/entity/goods/.java	商品类实体
GoodsSpec	.java	/src/main/java/com/morning/entity/goods/.java	商品描述类实体
Order	.java	/src/main/java/com/morning/entity/order/.java	订单类实体

(5)婚庆预定时序图如图 3.41 所示。

2)套餐规格选择

(1)功能设计描述。此功能可供顾客选取自己所需的婚庆套餐。

(2)相关类设计。

①商品类，具体信息如图 3.42 所示。此类描述了一个具体的商品。

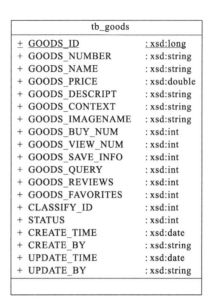

图 3.42　商品类具体信息

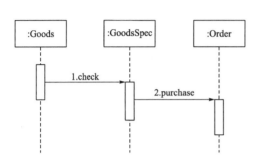

图 3.41　婚庆预定时序图

②商品规格类，具体信息如图 3.43 所示。此类描述了一个商品的具体规格。

(3) 套餐规格选择类之间的关系如图 3.44 所示。

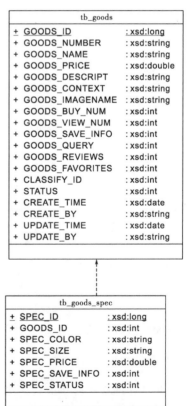

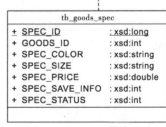

图 3.43　商品规格类具体信息　　　　图 3.44　套餐规格选择类之间的关系

（4）套餐规格选择文件列表见 3.6。

表 3.6 套餐规格选择文件列表

名称	类型	存放位置	说明
Goods	.java	/src/main/java/com/morning/entity/goods/.java	商品类实体
GoodsSpec	.java	/src/main/java/com/morning/entity/goods/.java	商品描述类实体

（5）套餐规格选择时序图如图 3.45 所示。

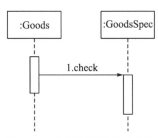

图 3.45 套餐规格选择时序图

3）套餐详情

（1）功能设计描述：婚庆套餐检索及详细信息显示。

（2）相关类设计。

①商品类，具体信息如图 3.46 所示。此类描述了一个婚庆套餐的具体信息。

②商品分类，具体信息如图 3.47 所示。此类描述了一个具体的分类。

tb_goods	
+ GOODS_ID	: xsd:long
+ GOODS_NUMBER	: xsd:string
+ GOODS_NAME	: xsd:string
+ GOODS_PRICE	: xsd:double
+ GOODS_DESCRIPT	: xsd:string
+ GOODS_CONTEXT	: xsd:string
+ GOODS_IMAGENAME	: xsd:string
+ GOODS_BUY_NUM	: xsd:int
+ GOODS_VIEW_NUM	: xsd:int
+ GOODS_SAVE_INFO	: xsd:int
+ GOODS_QUERY	: xsd:int
+ GOODS_REVIEWS	: xsd:int
+ GOODS_FAVORITES	: xsd:int
+ CLASSIFY_ID	: xsd:int
+ STATUS	: xsd:int
+ CREATE_TIME	: xsd:date
+ CREATE_BY	: xsd:string
+ UPDATE_TIME	: xsd:date
+ UPDATE_BY	: xsd:string

图 3.46 商品类具体信息

tb_goods_classify	
+ CLASSIFY_ID	: xsd:long
+ CLASSIFY_NAME	: xsd:string
+ CLASSIFY_SORT	: xsd:int
+ CLASSIFY_NAV_SORT	: xsd:int
+ CLASSIFY_STATUS	: xsd:int
+ CLASSIFY_NAV_STATUS	: xsd:int

图 3.47 商品分类具体信息

③商品图片类，具体信息如图 3.48 所示。此类描述了一个商品的相关图片。

④商品收藏类，具体信息如图 3.49 所示。此类描述了一个用户感兴趣的商品。

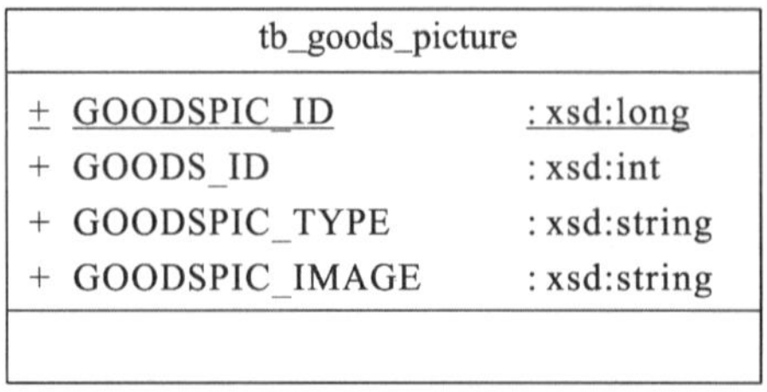

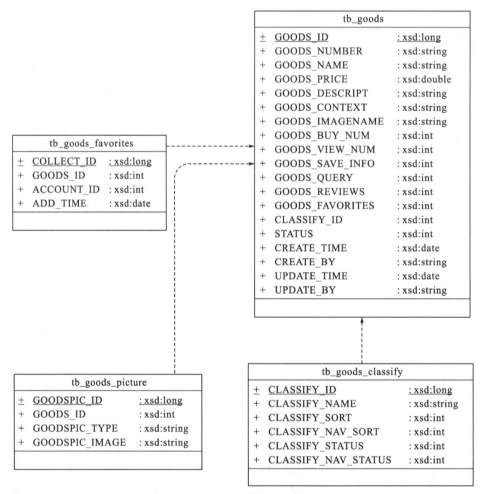

图 3.48　商品图片类具体信息 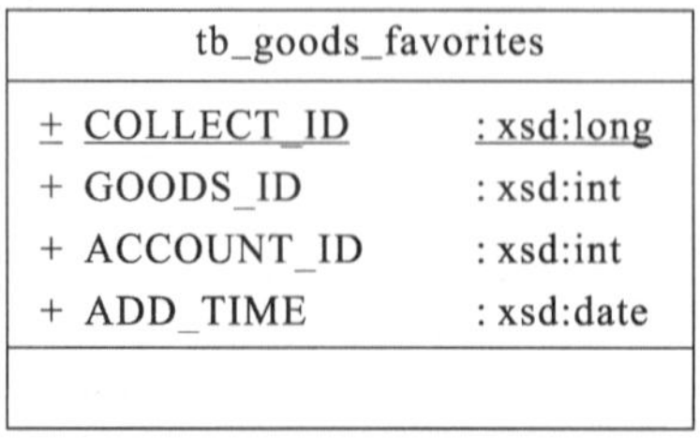　　　　　　图 3.49　商品收藏类具体信息

(3)套餐详情类之间的关系如图 3.50 所示。

图 3.50　套餐详情类之间的关系

(4)套餐详情文件列表见表 3.7。

(5)套餐详情时序图如图 3.51 所示。

表 3.7 套餐详情文件列表

名称	类型	存放位置	说明
Goods	.java	/src/main/java/com/morning/entity/goods/.java	商品类实体
GoodsClassify	.java	/src/main/java/com/morning/entity/goods/.java	商品分类
GoodsPicture	.java	/src/main/java/com/morning/entity/goods/.java	商品图片
GoodsFavorites	.java	/src/main/java/com/morning/entity/goods/.java	商品收藏

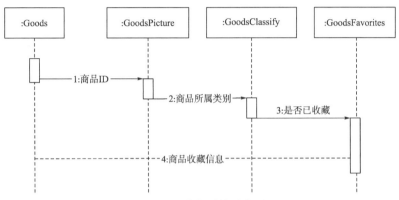

图 3.51 套餐详情时序图

4) 婚庆浏览

(1) 功能设计描述：婚庆检索及详细信息显示。

(2) 相关类设计。

① 商品类，具体信息如图 3.52 所示。此类描述了一个商品。

② 商品分类，具体信息如图 3.53 所示。此类描述了一个商品的分类。

tb_goods	
+ GOODS_ID	: xsd:long
+ GOODS_NUMBER	: xsd:string
+ GOODS_NAME	: xsd:string
+ GOODS_PRICE	: xsd:double
+ GOODS_DESCRIPT	: xsd:string
+ GOODS_CONTEXT	: xsd:string
+ GOODS_IMAGENAME	: xsd:string
+ GOODS_BUY_NUM	: xsd:int
+ GOODS_VIEW_NUM	: xsd:int
+ GOODS_SAVE_INFO	: xsd:int
+ GOODS_QUERY	: xsd:int
+ GOODS_REVIEWS	: xsd:int
+ GOODS_FAVORITES	: xsd:int
+ CLASSIFY_ID	: xsd:int
+ STATUS	: xsd:int
+ CREATE_TIME	: xsd:date
+ CREATE_BY	: xsd:string
+ UPDATE_TIME	: xsd:date
+ UPDATE_BY	: xsd:string

tb_goods_classify	
+ CLASSIFY_ID	: xsd:long
+ CLASSIFY_NAME	: xsd:string
+ CLASSIFY_SORT	: xsd:int
+ CLASSIFY_NAV_SORT	: xsd:int
+ CLASSIFY_STATUS	: xsd:int
+ CLASSIFY_NAV_STATUS	: xsd:int

图 3.52 商品类具体信息　　　　图 3.53 商品分类具体信息

(3)婚庆浏览类之间的关系如图 3.54 所示。

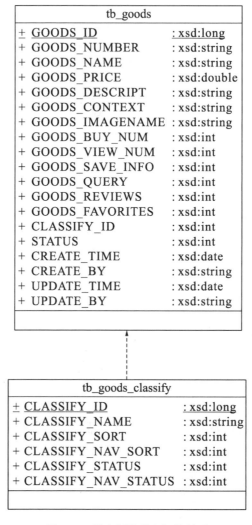

图 3.54　婚庆浏览类之间的关系

(4)婚庆浏览文件列表见表 3.8。

表 3.8　婚庆浏览文件列表

名称	类型	存放位置	说明
Goods	.java	/src/main/java/com/morning/entity/goods/.java	商品类实体
GoodsClassify	.java	/src/main/java/com/morning/entity/goods/.java	商品分类

(5)婚庆浏览时序图如图 3.55 所示。

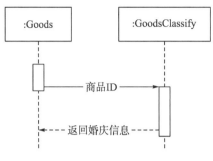

图 3.55 婚庆浏览时序图

3.3 数据库表设计

3.3.1 数据库表名

(1)账户表(tb_account)。
(2)账户登录日志(tb_account_login_log)。
(3)商品表(tb_goods)。
(4)商品种类表(tb_goods_classify)。
(5)收藏表(tb_goods_favorites)。
(6)商品图片表(tb_goods_picture)。
(7)订单表(tb_order)。
(8)订单日志表(tb_order_log)。
(9)订单详情表(tb_order_message)。
(10)订单状态表(tb_order_state)。
(11)后台管理系统角色表(tb_system_role)。
(12)后台管理系统信息统计表(tb_system_statistics_day)。
(13)后台管理系统用户表(tb_system_use)。
(14)后台管理系统用户登录表(tb_system_user_login_log)。
(15)后台管理系统用户角色表(tb_system_user_role)。

3.3.2 数据库表设计

数据库中表的结构及数据类型见表 3.9～表 3.23。

表 3.9 tb_account 表结构

字段	数据类型(长度)	备注
ACCOUNT_ID	int(11)	主键不允许为空
LOGIN_NAME	varchar(30)	允许为空
LOGIN_PASSWORD	varchar(64)	允许为空

字段	数据类型(长度)	备注
CREATE_DATE	datetime	允许为空
USER_NAME	varchar(20)	允许为空
USER_IDENTITY	varchar(18)	允许为空
PIC_IMG	varchar(255)	允许为空
EMAIL	varchar(50)	允许为空
TELEPHONE	varchar(11)	允许为空
SEX	tinyint(1)	允许为空
AGE	tinyint(3)	允许为空
PAYMENT	int(11)	允许为空
USER_POINT	int(11)	允许为空
MSG_NUM	int(11)	允许为空
STATUS	tinyint(1)	允许为空
LAST_LOGIN_TIME	timestamp	允许为空
LAST_LOGIN_IP	varchar(20)	允许为空

表 3.10   tb_account_login_log 表结构

字段	数据类型(长度)	备注
LOG_ID	int(11)	主键不允许为空
LOGIN_TIME	timestamp	允许为空
USER_IP	varchar(20)	允许为空
USER_ID	int(11)	允许为空
OPERATING_SYSTEM	varchar(50)	允许为空
BROWSER	varchar(50)	允许为空

表 3.11   tb_goods 表结构

字段	数据类型(长度)	备注
GOODS_ID	int(9)	主键不允许为空
GOODS_NUMBER	varchar(20)	允许为空
GOODS_NAME	varchar(300)	允许为空
GOODS_PRICE	double(10,2)	允许为空
GOODS_DESCRIPT	varchar(255)	允许为空
GOODS_CONTEXT	longtext	允许为空
GOODS_IMAGENAME	varchar(255)	允许为空
GOODS_BUY_NUM	int(9)	允许为空
GOODS_VIEW_NUM	int(9)	允许为空
GOODS_SAVE_INFO	int(9)	允许为空

字段	数据类型(长度)	备注
GOODS_QUERY	int(9)	允许为空
GOODS_REVIEWS	int(9)	允许为空
GOODS_FAVORITES	int(9)	允许为空
CLASSIFY_ID	int(9)	允许为空
STATUS	int(1)	允许为空
CREATE_TIME	datetime	允许为空
CREATE_BY	varchar(64)	允许为空
UPDATE_TIME	datetime	允许为空
UPDATE_BY	varchar(64)	允许为空

表 3.12　tb_goods_classify 表结构

字段	数据类型(长度)	备注
CLASSIFY_ID	int(9)	主键不允许为空
CLASSIFY_NAME	varchar(30)	允许为空
CLASSIFY_SORT	int(3)	允许为空
CLASSIFY_NAV_SORT	int(3)	允许为空
CLASSIFY_STATUS	int(1)	允许为空
CLASSIFY_NAV_STATUS	int(1)	允许为空

表 3.13　tb_goods_favorites 表结构

字段	数据类型(长度)	备注
COLLECT_ID	int(9)	主键不允许为空
GOODS_ID	int(9)	允许为空
ACCOUNT_ID	int(9)	允许为空
ADD_TIME	datetime	允许为空

表 3.14　tb_goods_picture 表结构

字段	数据类型(长度)	备注
GOODSPIC_ID	int(9)	主键不允许为空
GOODS_ID	int(9)	允许为空
GOODSPIC_TYPE	tinyint(1)	允许为空

表 3.15　tb_order 表结构

字段	数据类型(长度)	备注
ORDER_ID	int(9)	主键不允许为空
ORDER_NUMBER	varchar(20)	允许为空
ACCOUNT_ID	int(9)	允许为空

字段	数据类型(长度)	备注
ORDER_DATE	datetime	允许为空
TOTAL_MONEY	double(9,2)	允许为空
ORDER_STATE	int(1)	允许为空
ADDRESS_ID	int(9)	允许为空
PAY_TYPE	int(1)	允许为空
PAY_STATUS	int(1)	允许为空
PAYMENT	varchar(255)	允许为空
SEND_TYPE	int(1)	允许为空
SEND_TIME	int(1)	允许为空
INVOICEL_TYPE	int(1)	允许为空
INVOICEL_TITLE	varchar(50)	允许为空
USER_MESSAGE	varchar(255)	允许为空
LIVING_TIME	datetime	允许为空

表 3.16　tb_order_log 表结构

字段	数据类型(长度)	备注
LOG_ID	int(9)	主键不允许为空
ORDER_NUMBER	varchar(20)	允许为空
ORDER_ID	int(9)	允许为空
CREATE_BY	varchar(64)	允许为空
CREATE_TIME	datetime	允许为空
CONTENT	varchar(255)	允许为空

表 3.17　tb_order_message 表结构

字段	数据类型(长度)	备注
ORDER_MESSAGE_ID	int(9)	主键不允许为空
GOODS_ID	int(9)	允许为空
ORDER_NUMBER	int(9)	允许为空
ORDER_MONEY	double(9,2)	允许为空
GOODS_COLOR	varchar(20)	允许为空
GOODS_STANDARD	varchar(20)	允许为空
PUBLIC_TYPE	int(1)	允许为空
ORDER_ID	int(9)	允许为空
LIVING_TIME	datetime	允许为空

表 3.18 tb_order_state 表结构

字段	数据类型(长度)	备注
STATE_ID	int(9)	主键不允许为空
ORDER_STATE	int(9)	允许为空
STATE_NAME	varchar(30)	允许为空

表 3.19 tb_system_role 表结构

字段	数据类型(长度)	备注
ROLE_ID	int(9)	主键不允许为空
ROLE_NAME	varchar(64)	允许为空
ROLE_OFFICE	varchar(64)	允许为空
IS_SYSTEM	int(1)	允许为空
STATUS	int(1)	允许为空
CREATE_TIME	datetime	允许为空
CREATE_BY	varchar(64)	允许为空
UPDATE_TIME	datetime	允许为空
UPDATE_BY	varchar(64)	允许为空
REMARKS	varchar(255)	允许为空

表 3.20 tb_system_statistics_day 表结构

字段	数据类型(长度)	备注
STATISTICS_ID	int(11)	主键不允许为空
STATISTICS_TIME	datetime	允许为空
CREATE_TIME	datetime	允许为空
DAILY_LOGIN_NUMBER	int(11)	允许为空
DAILY_USER_NUMBER	int(11)	允许为空
DAILY_VISIT_NUMBER	int(11)	允许为空
DAILY_ORDER_NUMBER	int(11)	允许为空
DAILY_PAY_ORDER_NUMBER	int(11)	允许为空
DAILY_UNPAY_ORDER_NUMBER	int(11)	允许为空
DAILY_PAY_NUMBER	double(11,2)	允许为空

表 3.21 tb_system_user 表结构

字段	数据类型(长度)	备注
ACCOUNT_ID	int(11)	主键不允许为空
LOGIN_NAME	varchar(20)	允许为空
LOGIN_PASSWORD	varchar(32)	允许为空
USER_NAME	varchar(50)	允许为空
REAL_NAME	varchar(64)	允许为空

字段	数据类型（长度）	备注
SEX	int(1)	允许为空
AGE	int(3)	允许为空
PIC_IMG	varchar(255)	允许为空
STATUS	int(1)	允许为空
LAST_LOGIN_TIME	timestamp	允许为空
LAST_LOGIN_IP	varchar(20)	允许为空
EMAIL	varchar(50)	允许为空
TELEPHONE	varchar(11)	允许为空
CREATE_TIME	timestamp	允许为空
CREATE_BY	varchar(64)	允许为空
UPDATE_TIME	datetime	允许为空
UPDATE_BY	varchar(64)	允许为空

表 3.22   tb_system_user_login_log 表结构

字段	数据类型（长度）	备注
LOG_ID	int(11)	主键不允许为空
LOGIN_TIME	timestamp	允许为空
USER_IP	varchar(20)	允许为空
USER_ID	int(11)	允许为空
OPERATING_SYSTEM	varchar(50)	允许为空
BROWSER	varchar(50)	允许为空

表 3.23   tb_system_user_role 表结构

字段	数据类型（长度）	备注
USER_ROLE_ID	int(9)	主键不允许为空
ROLE_ID	int(9)	允许为空
ACCOUNT_ID	int(9)	允许为空
CREATE_TIME	datetime	允许为空
CREATE_BY	varchar(64)	允许为空

3.4   原 型 设 计

3.4.1   登录

(1)用户登录界面如图 3.56 所示。

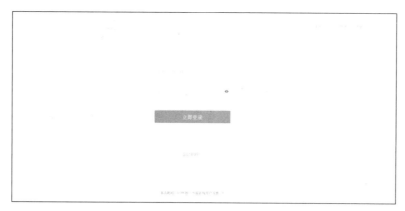

图 3.56　用户登录界面

(2)管理员登录界面如图 3.57 所示。

图 3.57　管理员登录界面

3.4.2　首页设计

首页界面如图 3.58 所示。

图 3.58　首页界面

3.4.3 个人中心

(1) 个人资料界面如图 3.59 所示。

图 3.59 个人资料界面

(2) 个人信息修改界面如图 3.60 所示。

图 3.60 个人信息修改界面

3.4.4 管理员界面

(1) 管理员登录记录界面如图 3.61 所示。

图 3.61　管理员登录记录界面

(2)管理员删除用户信息界面如图 3.62 所示。

图 3.62　管理员删除用户信息界面

(3)管理员修改用户信息界面如图 3.63 所示。

图 3.63　管理员修改用户信息界面

3.4.5　套餐管理

(1)管理员增加套餐界面如图 3.64 所示。

图 3.64　管理员增加套餐界面

(2)管理员冻结套餐界面如图 3.65 所示。

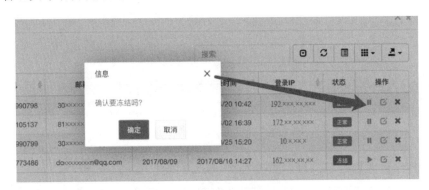

图 3.65　管理员冻结套餐界面

(3)管理员修改套餐信息界面如图 3.66 所示。

图 3.66　管理员修改套餐信息界面

3.4.6 订单管理

(1)查询订单界面如图 3.67 所示。

图 3.67 查询订单界面

(2)删除订单界面如图 3.68 所示。

图 3.68 删除订单界面

3.4.7 套餐浏览

套餐浏览界面如图 3.69 所示。

图 3.69　套餐浏览界面

3.4.8　套餐推荐

套餐推荐界面如图 3.70 所示。

图 3.70　套餐推荐界面

3.4.9　套餐分类

套餐分类选择界面如图 3.71 所示。

图 3.71　套餐分类选择界面

3.4.10 套餐选择

(1)套餐排序界面如图3.72所示。

图 3.72 套餐排序界面

(2)销量排序界面如图3.73所示。

图 3.73 销量排序界面

(3)价格排序界面如图3.74所示。

图 3.74 价格排序界面

3.4.11　套餐详情

套餐详情浏览界面如图 3.75 所示。

图 3.75　套餐详情浏览界面

3.4.12　加入购物车

加入购物车界面如图 3.76 所示。

图 3.76　加入购物车界面

3.4.13　修改个人资料

修改个人资料界面如图 3.77 所示。

图 3.77 修改个人资料界面

3.4.14 我的订单

(1) 订单状态界面如图 3.78 所示。

图 3.78 订单状态界面

(2) 支付记录界面如图 3.79 所示。

图 3.79　支付记录界面

3.4.15　我的收藏

我的收藏界面如图 3.80 所示。

图 3.80　我的收藏界面

3.4.16　购物车

购物车界面如图 3.81 所示。

图 3.81　购物车界面

3.4.17　支付

(1)待支付界面如图 3.82 所示。

图 3.82　待支付界面

(2)支付界面如图 3.83 所示。

选择以下支付方式付款

支付平台　　◎ 易宝支付 YEEPAY.COM

银行网银　　中国工商银行　中国建设银行　中国农业银行　中国银行　交通银行
　　　　　　中国邮政储蓄银行

取消订单　确认付款

图 3.83　支付界面

(3)确认支付界面如图 3.84 所示。

图 3.84   确认支付页面

3.5   代 码 编 写

通过扫描右边二维码，可获得项目详细的编写代码。

3.6   系 统 测 试

3.6.1   功能测试

本系统对所有功能进行了测试，包括婚庆预定、个人中心、网站信息管理、订单管理四大模块下的每个子功能模块。

1)测试计划名称

测试内容包括婚庆管理系统功能测试计划的全部内容(婚庆管理系统功能测试计划)。

2)测试文档用途

测试文档是完成对婚庆管理系统测试的指导性文件。文档给出了本次功能测试的测试范围、测试环境、测试过程、测试任务安排及测试结果的总体要求，这也是本项目功能测试中其他文档编写结果及评价的基础。

(1)测试目的：检测该平台功能是否正确实现、是否能够按照预期的效果运行。

(2)测试范围：针对婚庆管理系统进行功能性测试，包括婚庆预定模块、个人中心模块、网站信息管理模块三大模块的测试。

婚庆预定功能测试用例见表 3.24。

表 3.24　婚庆预定功能测试用例

用例编号：01
用例目的：完成婚庆预定功能

原型描述：用户登录网站进行套餐选择、婚庆详情查询、估价预算、婚礼浏览
前提条件：项目正常安全可运行

子用例编号	输入	操作步骤	期望结果	实测结果	状态
TEST1	套餐选择	进入页面选择婚礼套餐，点击西式、中式、高端、低端婚礼套餐	套餐选定成功	一致	通过
TEST2	婚庆详情查询	点击婚庆详情查询	跳出婚庆详情信息	一致	通过
TEST3	估价预算	用户选择价格区间	展示该区间的所有案例	一致	通过
TEST4	婚礼浏览	点击套餐浏览	显示用户浏览界面上有关婚礼的所有图片	一致	通过

个人中心管理功能测试用例见表 3.25。

表 3.25　个人中心管理功能测试用例

用例编号：02
原型描述：用户登录：用户名存在、密码正确的情况下，进入系统；用户名不存在，跳转到注册页面进行注册；注册成功，登录成功，进入系统
用例目的：完成用户的登录和注册功能　　　　前提条件：项目正常安全可运行

子用例编号	输入	操作步骤	期望结果	实测结果	状态
TEST1	登录用户 1	令姓名数据为空，其余数据正常填写，点击"提交"	无法登录，提示输入用户名	一致	通过
TEST2	登录用户 2	正常填写用户名和密码，点击"提交"（如用户名：1；密码：1）	登录成功	一致	通过
TEST3	注册新用户 1	在文本框输入无效数据，点击"提交"（如性别字符长度超过 2）	注册失败	一致	通过
TEST4	注册新用户 2	在各文本框输入有效数据，点击"提交"	注册成功	一致	通过

网站信息管理功能测试用例见表 3.26。

表 3.26　网站信息管理功能测试用例

用例编号：03
原型描述：管理员对婚礼套餐进行上架及对已上架的套餐进行查看、修改、删除；管理员对用户的信息及订单进行查看与修改
用例目的：完善管理员信息管理功能　　　　前提条件：项目正常安全可运行

子用例编号	输入	操作步骤	期望结果	实测结果	状态
TEST1	查找婚礼套餐	点击已上架婚礼套餐，输入婚礼套餐名	可以成功显示查找的婚礼套餐	一致	通过
TEST2	修改婚礼套餐	选择需要修改的婚礼套餐，点击"修改"，输入新的婚礼套餐信息	成功修改套餐信息	一致	通过
TEST3	删除婚礼套餐	选择需要删除的婚礼套餐，点击"删除"	成功删除套餐信息	一致	通过
TEST4	修改用户信息	进入用户列表，选择需要修改的用户信息，点击"修改"，输入新的用户信息	成功修改用户信息	一致	通过

3.6.2 界面测试

本系统对所有界面进行了测试，包括图片显示、页面跳转、文本显示。

这里以婚庆预定界面测试为例进行介绍。（注：本模块的测试重点为页面信息显示的正确性、完整性，不同浏览器的兼容性。）

婚庆预定界面包括套餐选择、婚庆详情查询、估价预算、婚礼浏览等功能。

套餐选择：提供用户点击套餐，进入套餐浏览界面的功能。

婚庆详情查询：向用户提供不同套餐的婚礼详情，展示套餐所有案例的功能。

估价预算：提供用户选择价格区间，展示该价格区间所有案例的功能。

婚礼浏览：提供用户浏览界面上显示有关婚礼所有图片的功能。

婚庆预定界面测试用例见表 3.27。

表 3.27　婚庆预定界面测试用例

用例编号：04　　　　　　　　　　　原型描述：用户登录网站进行套餐选择、婚庆详情查询、估价预算、婚礼浏览
用例目的：完成婚庆预定功能　　　　　前提条件：项目正常安全可运行

子用例编号	输入	操作步骤	期望结果	实测结果	状态
TEST1	套餐选择	进入页面选择婚礼套餐，分别点击西式、中式、高端、低端婚礼套餐	成功显示对应婚礼套餐	一致	通过
TEST2	婚庆详情查询	点击婚庆详情查询	成功显示婚庆详情信息	一致	通过
TEST3	估值预算	点击价格区间	成功显示该价格区间的所有婚庆套餐	一致	通过
TEST4	婚礼浏览	点击套餐浏览	用户浏览界面上显示有关婚礼的所有图片	一致	通过

3.6.3 部署测试

部署测试用于测试本系统在 Tomcat、Windows 等环境下的部署情况，其测试用例见表 3.28。

表 3.28　部署测试用例

用例编号：05　　　　　　　　　　　原型描述：将系统发布在 Tomcat
用例目的：系统正常部署　　　　　　　前提条件：项目正常安全可运行

子用例编号	输入	操作步骤	期望结果	实测结果	状态
TEST1	部署 Tomcat	利用 Tomcat 自动部署	输入网址，可以正常进入系统，并可登录	一致	通过

项目 3   八方来社——社团网申信息系统

4.1   需 求 分 析

4.1.1   项目介绍

大学社团是学生自愿组织的群众性团体，由具有相同兴趣爱好的人员构成。社团在校党委、团委的领导下，在学生会的指导下，组织开展健康、积极有益的课外文化、科技、体育、艺术等活动。社团活动不同于第一课堂的专业学习，而与个人的全面发展有着密切联系。社团不仅丰富了学生的业余文化生活，也培养了学生的综合素质、创新精神和实践能力。

传统的高校社团管理资源消耗大且效率不高，特别是社团的活动管理、新社员的入会申请处理等工作持续时间长、时效性不高，对社团的有效管理提出了较大挑战。因此，借助当前飞速发展的信息技术，设计一套能在线进行社团信息发布、新社员申请处理、社团活动管理的综合社团管理系统能极大提升社团的工作效率，为社团的健康发展提供有力支撑。

八方来社——社团网申信息系统（以下简称"社团网申系统"）的目标在于为社团管理人员和学生提供一个便捷的平台：社团管理人员可在平台上宣传社团和推荐社团活动；有意愿加入社团的学生可以通过该平台了解各社团的具体信息和纳新要求，直接在平台上申请加入喜欢的社团，并及时获取管理人员的申请反馈。此外，社团管理员可直接在平台上对社团和社团成员进行管理。

社团网申系统基于 Java 进行开发，采用 MySQL 数据库进行数据管理。开发过程中，采用 SSH 框架进行项目构建，通过 MVC 模式将项目的业务逻辑、数据、界面相分离。该设计模式简化了程序代码的管理，提高了分组开发的效率，缩短了系统开发时间，也使得后期测试变得更加容易。

4.1.2   主要功能

社团网申系统主要分为 7 个模块，分别是用户管理模块、社团信息模块、社团申请模块、社团搜索模块、成员管理模块、社团管理模块和处理申请模块。各模块的主要功能如表 4.1 和图 4.1 所示。

表 4.1   各模块的主要功能

模块名	功能描述
用户管理模块	注册、登录、注销、修改个人信息、修改登录密码
社团信息模块	查看社团简介、查看已加入社团列表
社团申请模块	填写申请表、查看申请结果

续表

模块名	功能描述
社团搜索模块	关键字搜索、类型筛选
成员管理模块	查看成员信息、设置成员信息、删除成员
社团管理模块	新建社团、删除社团、查看社团信息、修改社团信息、发布活动、删除活动、查看活动、修改活动、发布新闻、删除新闻、查看新闻、修改新闻
处理申请模块	查看申请、处理申请

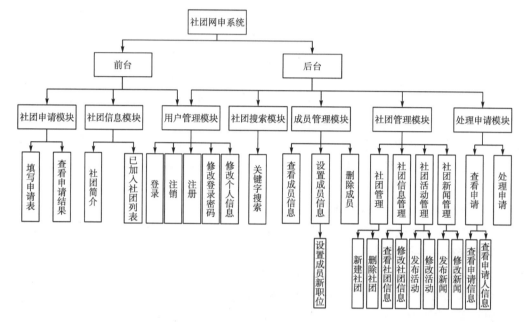

图 4.1   系统功能图

1. 用户管理模块

已注册用户登录成功之后,可以进入个人中心进行相应的操作,如修改个人信息和修改登录密码。具体流程如图 4.2 所示。

2. 社团信息模块

登录成功的普通用户可以在首页点击导航栏的社团简介,进入社团列表,选择社团进入查看社团简介;进入个人中心,可查看已加入社团,进入已加入社团列表(图 4.3)。

3. 社团搜索模块

已登录的系统管理员,可以在后台使用关键字查询社团信息和学生信息等(图 4.4)。

4. 社团申请模块

已登录的普通用户进入社团列表,点击社团进入社团简介页面,点击页面下方的"申请加入",进入填写申请表界面,提交申请表,等待相应社团管理员的审批(图 4.5)。

已登录的普通用户进入个人中心,点击"加入社团申请",查看相应的社团申请结果。

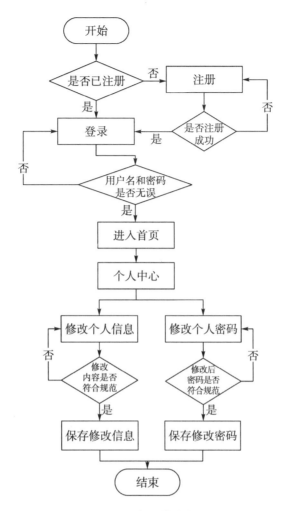

图 4.2　用户管理模块流程图

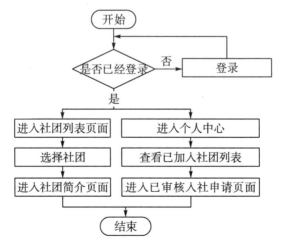

图 4.3　社团信息模块流程图

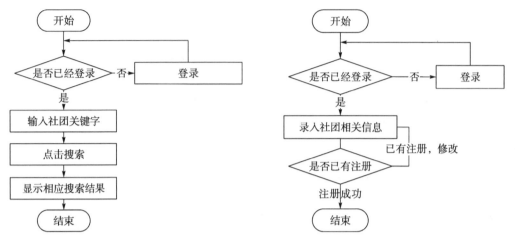

图 4.4　社团搜索模块流程图　　　　　图 4.5　社团申请模块流程图

5. 处理申请模块

已登录管理员用户，可以查看系统中的申请信息，管理员评判请求是否合法，如果合法，通过请求，反之则不通过(图 4.6)。

6. 成员管理模块

已登录的系统管理员可以查看系统中的用户信息，并且可以选择编辑相应的用户，对他们的职位等信息进行设置。除此之外，可以选择删除系统中的用户信息(图 4.7)。

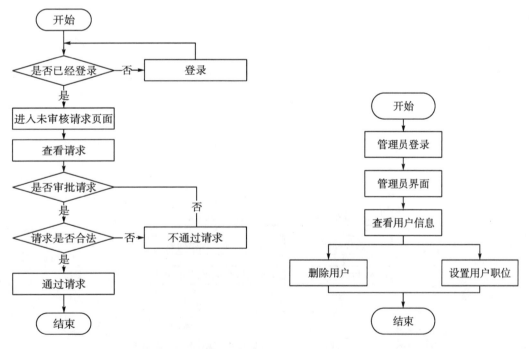

图 4.6　处理申请模块流程图　　　　　图 4.7　成员管理模块流程图

7. 社团管理模块

已登录的系统管理员可以对社团、活动、新闻进行管理，如新建、查询、修改、删除操作(图4.8)。

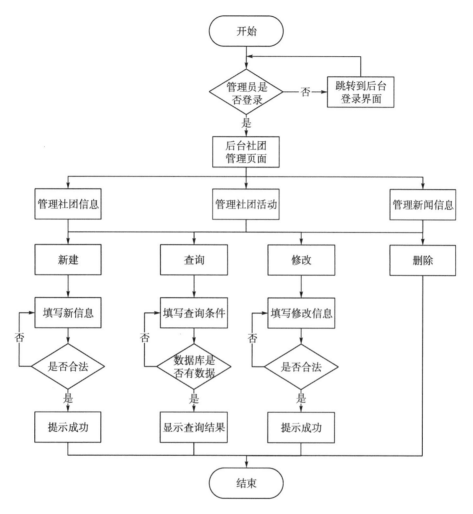

图 4.8　社团管理模块流程图

4.1.3　系统用例图

本项目的系统用例图如图4.9所示。

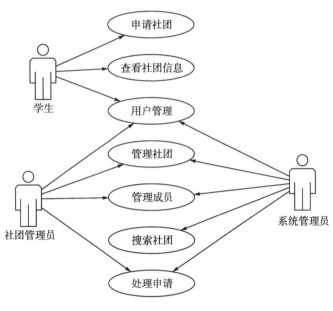

图 4.9　系统用例图

4.2　系　统　设　计

4.2.1　设计思路

本系统采用标准三层设计架构，即数据访问层，业务逻辑层、表示层。

4.2.2　分解描述

1. 用户管理模块

用户成功登录系统后，可进入个人中心进行相应的操作。该模块包括：登录、注册、修改个人信息、修改登录密码、注销 5 个子功能模块。用户管理模块活动图如图 4.10 所示。

1）注册

（1）功能设计描述：完成用户信息注册。

（2）相关类设计。

①User；　　　　　　　②UserDao；　　　　　　③UserDaoImpl；

④BaseAction；　　　　⑤BaseDao；　　　　　　⑥LoginAction；

⑦LoginManager；　　　⑧LoginManagerImpl。

（3）注册功能类之间的关系如图 4.11 所示。

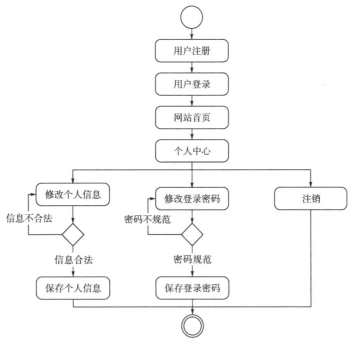

图 4.10　用户管理模块活动图

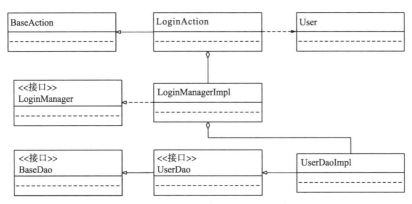

图 4.11　注册功能类之间的关系

(4)注册功能文件列表见表 4.2。

表 4.2　注册功能文件列表

名称	类型	存放位置	说明
Register	.jsp	/WebRoot/	用户注册界面
User	.java	/com.nkl.page.domain	用户实体
BaseAction	.java	/com.nkl.common.action	所有操作的基础 action
BaseDao	.java	/com.nkl.common.dao	所有操作基础的接口和实现
LoginAction	.java	/com.nkl.page.action	操作用户注册界面的 action
LoginManagerImpl	.java	/com.nkl.page.manager.impl	注册服务接口实现

名称	类型	存放位置	说明
LoginManager	.java	/com.nkl.admin.manager	注册服务接口
UserDao	.java	/com.nkl.page.domain	用户注册的数据访问对象接口
UserDaoImpl	.java	/com.nkl.page.manager.impl	用户注册的数据访问对象接口实现

（5）注册功能时序图如图 4.12 所示。

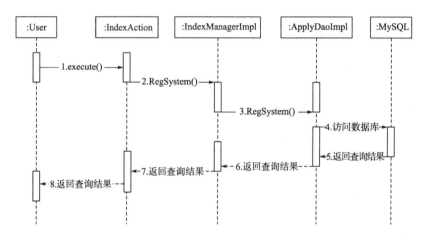

图 4.12　注册功能时序图

2）登录

（1）功能设计描述：完成登录。

（2）相关类设计。

①LoginAction；　　　②LoginManager；　　　　③LoginManagerImpl；

④UserDao；　　　　　⑤UserDaoImpl；　　　　⑥User；

⑦BaseAction；　　　　⑧BaseDao。

（3）登录功能类之间的关系如图 4.13 所示。

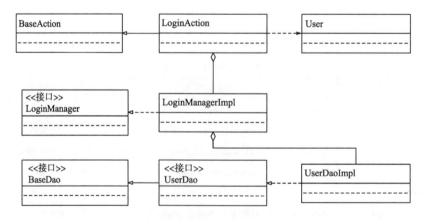

图 4.13　登录功能类之间的关系

(4)登录功能文件列表见表4.3。

表4.3 登录功能文件列表

名称	类型	存放位置	说明
login	.jsp	/WebRoot/admin/	管理员登录界面
login	.jsp	/WebRoot/	用户登录界面
LoginAction	.java	/com.nkl.admin.action	操作管理员用户登录界面的action
LoginAction	.java	/com.nkl.page.action	操作用户登录界面的action
LoginManager	.java	/com.nkl.admin.manager	登录服务接口
LoginManagerImpl	.java	/com.nkl.page.manager.impl	登录服务接口实现
UserDao	.java	/com.nkl.page.domain	用户的数据访问对象接口
UserDaoImpl	.java	/com.nkl.page.manager.impl	用户的数据访问对象接口实现
User	.java	/com.nkl.page.domain	用户实体
BaseAction	.java	/com.nkl.common.action	所有操作的基础action
BaseDao	.java	/com.nkl.common.dao	所有操作基础的接口和实现

(5)登录功能时序图如图4.14所示。

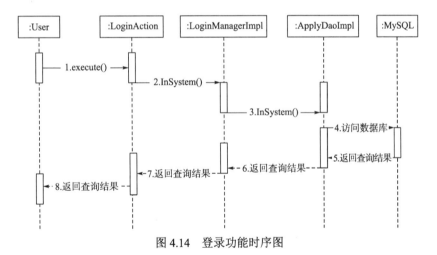

图4.14 登录功能时序图

3)修改个人信息

(1)功能设计描述：修改个人信息。

(2)相关类设计。

①User；　②UserDao；　③UserDaoImpl；

④BaseAction；　⑤BaseDao；　⑥IndexAction；

⑦IndexManager；　⑧IndexManagerImpl；　⑨AdminAction；

⑩AdminManager；　⑪AdminManagerImpl。

(3)修改个人信息类之间的关系如图4.15所示。

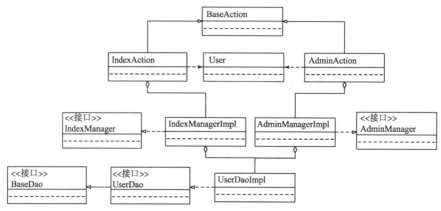

图 4.15   修改个人信息类之间的关系

(4)修改个人信息文件列表见表 4.4。

表 4.4   修改个人信息文件列表

名称	类型	存放位置	说明
myInfo	.jsp	/WebRoot/	用户修改个人信息页面
modifyInfo	.jsp	/WebRoot/admin/	管理员修改个人信息界面
User	.java	/com.nkl.page.domain	用户实体
BaseAction	.java	/com.nkl.common.action	所有操作的基础 action
IndexManager	.java	/com.nkl.page.manager	用户服务接口
BaseDao	.java	/com.nkl.common.dao	所有操作基础的接口和实现
IndexAction	.java	/com.nkl.page.action	操作跳转修改信息界面的 action
UserDao	.java	/com.nkl.page.domain	修改信息的数据访问对象接口
UserDaoImpl	.java	/com.nkl.page.manager.impl	修改信息的数据访问对象接口实现
IndexManagerImpl	.java	/com.nkl.page.manager.impl	用户服务接口实现
AdminAction	.java	/com.nkl.admin.action	管理员用户操作修改信息界面的 action
AdminManager	.java	/com.nkl.admin. manager	管理员用户服务接口
AdminManagerImpl	.java	/com.nkl.admin. manager.Impl	管理员用户服务接口实现

(5)普通用户修改个人信息时序图如图 4.16 所示，管理员修改个人信息时序图如图 4.17 所示。

4)修改登录密码

(1)功能设计描述：修改登录密码。

(2)相关类设计。

①User；   ②BaseAction；   ③IndexManager；

④BaseDao；   ⑤IndexAction；   ⑥UserDao；

⑦UserDaoImpl；   ⑧IndexManagerImpl；   ⑨AdminAction；

⑩AdminManager；   ⑪AdminManagerImpl。

(3)修改登录密码类之间的关系如图 4.18 所示。

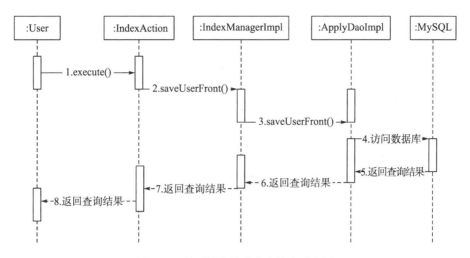

图 4.16 普通用户修改个人信息时序图

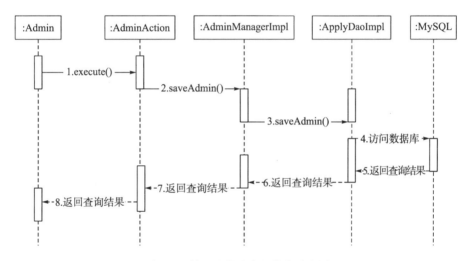

图 4.17 管理员修改个人信息时序图

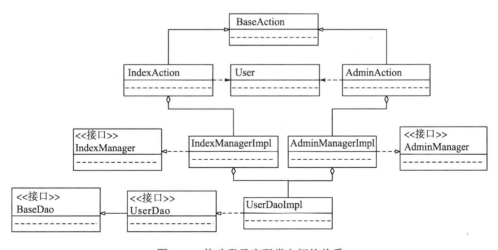

图 4.18 修改登录密码类之间的关系

(4) 修改登录密码文件列表见表 4.5。

表 4.5　修改登录密码文件列表

名称	类型	存放位置	说明
myPwd	.jsp	/WebRoot/	用户修改登录密码界面
modifyPwd	.jsp	/WebRoot/admin/	管理员修改登录密码界面
User	.java	/com.nkl.page.domain	用户实体
BaseAction	.java	/com.nkl.common.action	所有操作的基础 action
IndexManager	.java	/com.nkl.page.manager	用户服务接口
AdminAction	.java	/com.nkl.admin.action	管理员用户操作修改登录密码界面的 action
AdminManager	.java	/com.nkl.admin. manager	管理员用户服务接口
AdminManagerImpl	.java	/com.nkl.admin. manager.Impl	管理员用户服务接口实现
BaseDao	.java	/com.nkl.common.dao	所有操作基础的接口和实现
IndexAction	.java	/com.nkl.page.action	用户操作修改登录密码界面的 action
UserDao	.java	/com.nkl.page.domain	修改登录密码的数据访问对象接口
UserDaoImpl	.java	/com.nkl.page.manager.impl	修改登录密码的数据访问对象接口实现
IndexManagerImpl	.java	/com.nkl.page.manager.impl	用户服务接口实现

(5) 普通用户及管理员修改登录密码时序图分别如图 4.19 和图 4.20 所示。

5) 注销

(1) 功能设计描述：实现注销用户信息。

(2) 相关类设计。

①BaseAction；　　②LoginManager；　　③LoginAction；　　④LoginManagerImpl。

(3) 注销类之间的关系如图 4.21 所示。

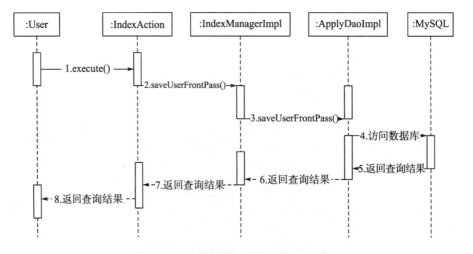

图 4.19　普通用户修改登录密码时序图

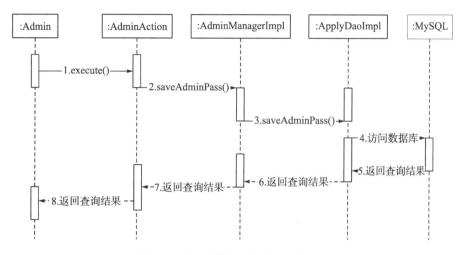

图 4.20 管理员修改登录密码时序图

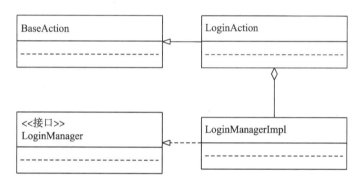

图 4.21 注销类之间的关系

(4)注销文件列表见表 4.6。

表 4.6 注销文件列表

名称	类型	存放位置	说明
index	.jsp	/WebRoot/	主页
index	.jsp	/WebRoot/admin/	后台主页
LoginAction	.java	/com.nkl.admin.action	操作管理员用户退出登录界面的 action
LoginAction	.java	/com.nkl.page.action	操作用户退出登录界面的 action
LoginManager	.java	/com.nkl.admin.manager	退出登录服务接口
BaseAction	.java	/com.nkl.common.action	所有操作的基础 action
LoginManagerImpl	.java	/com.nkl.page.manager.impl	退出登录服务接口实现

(5)注销时序图如图 4.22 所示。

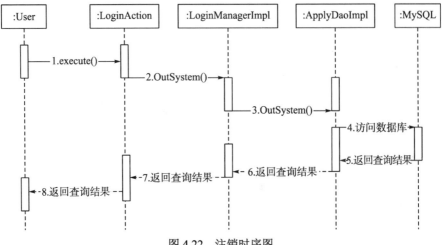

图 4.22　注销时序图

2. 社团信息模块

社团信息模块包括查看社团简介、查看已加入社团信息功能。社团信息模块活动图如图 4.23 所示。

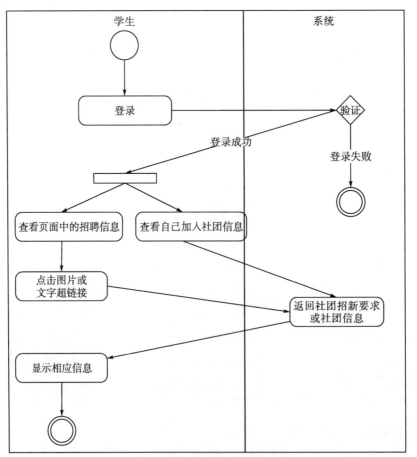

图 4.23　社团信息模块活动图

1) 查看社团简介

(1) 功能设计描述：查看社团简介。

(2) 相关类设计。

①College; ②BaseAction; ③IndexManager;

④BaseDao; ⑤IndexAction; ⑥CollegeDao;

⑦CollegeDaoImpl; ⑧IndexManagerImpl。

(3) 查看社团简介类之间的关系如图 4.24 所示。

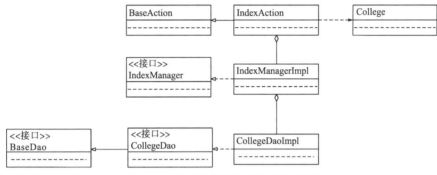

图 4.24 查看社团简介类之间的关系

(4) 查看社团简介文件列表见表 4.7。

表 4.7 查看社团简介文件列表

名称	类型	存放位置	说明
college	.jsp	/webroot/	查询社团简介的页面
BaseAction	.java	/com.nkl.common.action	所有操作的基础 action
BaseDao	.java	/com.nkl.common.dao	所有操作的基础接口和实现
IndexAction	.java	/com.nkl.page.action	操作查看社团简介页面的 action
IndexManager	.java	/com.nkl.page.manager	学生用户服务接口
IndexManagerImpl	.java	/com.nkl.page.manager.impl	学生用户服务实现
CollegeDao	.java	/com.nkl.page.dao	查询操作的数据访问对象接口
CollegeDaoImpl	.java	/com.nkl.page.dao.impl	实现 dao 处理
College	.java	/com.nkl.page.domain	社团实体

(5) 查看社团简介时序图如图 4.25 所示。

2) 查看已加入社团信息

(1) 功能设计描述：查看已加入社团信息。

(2) 相关类设计。

①Apply; ②BaseAction; ③IndexManager;

④BaseDao; ⑤IndexAction; ⑥ApplyDao;

⑦ApplyDaoImpl；   ⑧IndexManagerImpl。

(3)查看已加入社团信息类之间的关系如图 4.26 所示。

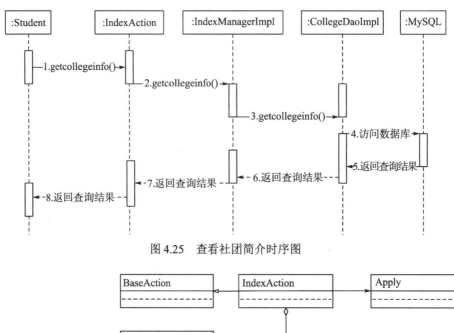

图 4.25　查看社团简介时序图

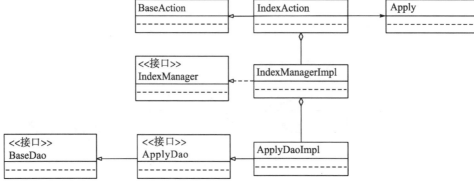

图 4.26　查看已加入社团信息类之间的关系

(4)查看已加入社团信息文件列表见表 4.8。

表 4.8　查看已加入社团信息文件列表

名称	类型	存放位置	说明
MyMemberApply	.jsp	/webroot/	查询已加入社团信息的页面
BaseAction	.java	/com.nkl.common.action	所有操作的基础 action
BaseDao	.java	/com.nkl.common.dao	所有操作的基础接口和实现
IndexAction	.java	/com.nkl.page.action	操作查看社团简介页面的 action
IndexManager	.java	/com.nkl.page.manager	学生用户服务接口
IndexManagerImpl	.java	/com.nkl.page.manager.impl	学生用户服务实现
ApplyDao	.java	/com.nkl.page.dao	查询操作的数据访问对象接口
ApplyDaoImpl	.java	/com.nkl.page.dao.impl	实现 dao 处理
Apply	.java	/com.nkl.page.domain	申请表实体

(5)查看已加入社团信息时序图如图4.27所示。

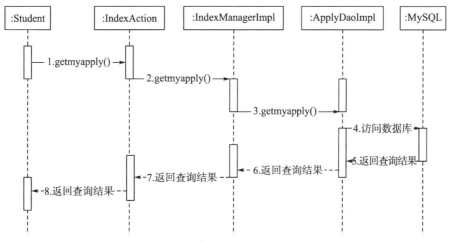

图4.27　查看已加入社团信息时序图

3. 社团搜索模块

社团搜索模块的主要功能为关键字搜索，活动图如图 4.28 所示。关键字搜索功能设计如下。

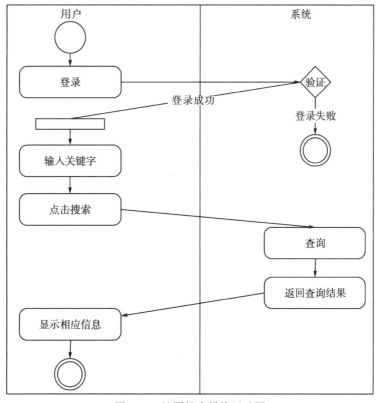

图4.28　社团搜索模块活动图

(1)功能设计描述：搜索社团信息。

(2)相关类设计。

①College；   ②BaseAction；   ③BaseDao；

④IndexAction；   ⑤IndexManager；   ⑥IndexManagerImpl；

⑦CollegeDao；   ⑧CollegeDaoImpl。

(3)关键字搜索类之间的关系如图 4.29 所示。

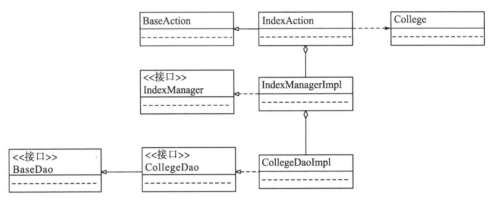

图 4.29　关键字搜索类之间的关系

(4)关键字搜索文件列表见表 4.9。

表 4.9　关键字搜索文件列表

名称	类型	存放位置	说明
college	.jsp	/webroot/	查询社团的页面
BaseAction	.java	/com.nkl.common.action	所有操作的基础 action
BaseDao	.java	/com.nkl.common.dao	所有操作的基础接口和实现
IndexAction	.java	/com.nkl.page.action	操作搜索社团页面的 action
IndexManager	.java	/com.nkl.page.manager	学生用户服务接口
IndexManagerImpl	.java	/com.nkl.page.manager.impl	学生用户服务实现
CollegeDao	.java	/com.nkl.page.dao	查询操作的数据访问对象接口
CollegeDaoImpl	.java	/com.nkl.page.dao.impl	实现 dao 处理
College	.java	/com.nkl.page.domain	社团实体

(5)关键字搜索时序图如图 4.30 所示。

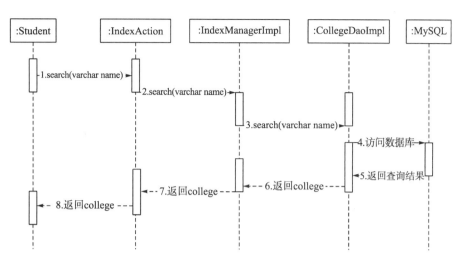

图 4.30　关键字搜索时序图

4. 社团申请模块

社团申请模块的主要功能包括填写申请表、查看申请结果，活动图如图 4.31 所示。

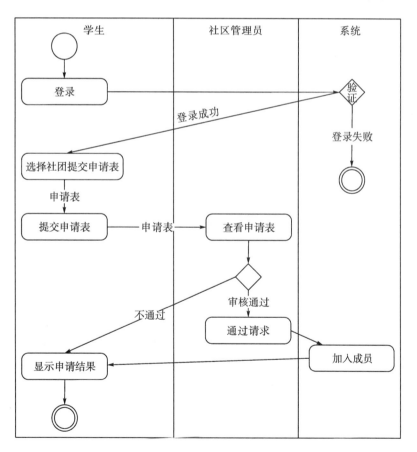

图 4.31　社团申请模块活动图

1)填写申请表

(1)功能设计描述：填写申请社团信息。

(2)相关类设计。

①College；   ②BaseAction；   ③BaseDao；
④IndexAction；   ⑤Apply；   ⑥ApplyDao；
⑦IndexManager；   ⑧CollegeDao；   ⑨CollegeDaoImpl；
⑩IndexManagerImpl；   ⑪ApplyDaoImpl。

(3)填写申请表类之间的关系如图 4.32 所示。

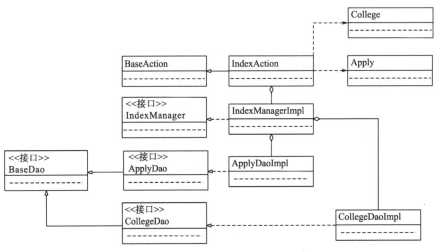

图 4.32　填写申请表类之间的关系

(4)填写申请表文件列表见表 4.10。

表 4.10　填写申请表文件列表

名称	类型	存放位置	说明
college	.jsp	/webroot/	查看社团的页面
BaseAction	.java	/com.nkl.common.action	所有操作的基础 action
BaseDao	.java	/com.nkl.common.dao	所有操作的基础接口和实现
IndexAction	.java	/com.nkl.page.action	操作查询社团页面的 action
IndexManager	.java	/com.nkl.page.manager	学生用户服务接口
IndexManagerImpl	.java	/com.nkl.page.manager.impl	学生用户服务实现
ApplyDao	.java	/com.nkl.page.dao	查询操作的数据访问对象接口
ApplyDaoImpl	.java	/com.nkl.page.dao.impl	实现 dao 处理
CollegeDao	.java	/com.nkl.page.dao	查询操作的数据访问对象接口
CollegeDaoImpl	.java	/com.nkl.page.dao.impl	实现 dao 处理
College	.java	/com.nkl.page.domain	社团实体
Apply	.java	/com.nkl.page.domain	申请表实体

(5)填写申请表时序图如图 4.33 所示。

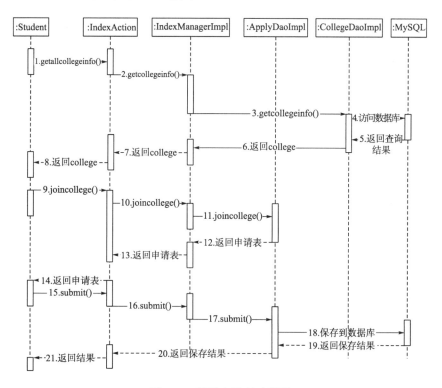

图 4.33 填写申请表时序图

2)查询申请结果

(1)功能设计描述:查询社团申请结果。

(2)相关类设计。

①BaseAction;　　　　②BaseDao;　　　　③IndexAction;

④Apply;　　　　　　⑤ApplyDao;　　　　⑥IndexManager;

⑦IndexManagerImpl;　　⑧ApplyDaoImpl。

(3)查询申请结果类之间的关系如图 4.34 所示。

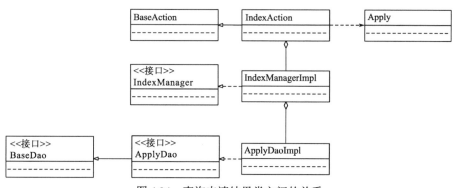

图 4.34 查询申请结果类之间的关系

（4）查询申请结果文件列表见表 4.11。

表 4.11　查询申请结果文件列表

名称	类型	存放位置	说明
myInfo	.jsp	/webroot/	查看个人中心加入社团申请的页面
BaseAction	.java	/com.nkl.common.action	所有操作的基础 action
BaseDao	.java	/com.nkl.common.dao	所有操作的基础接口和实现
IndexAction	.java	/com.nkl.page.action	操作查询社团页面的 action
IndexManager	.java	/com.nkl.page.manager	学生用户服务接口
IndexManagerImpl	.java	/com.nkl.page.manager.impl	学生用户服务实现
ApplyDao	.java	/com.nkl.page.dao	查询操作的数据访问对象接口
ApplyDaoImpl	.java	/com.nkl.page.dao.impl	实现 dao 处理
Apply	.java	/com.nkl.page.domain	申请表实体

（5）查询申请结果时序图如图 4.35 所示。

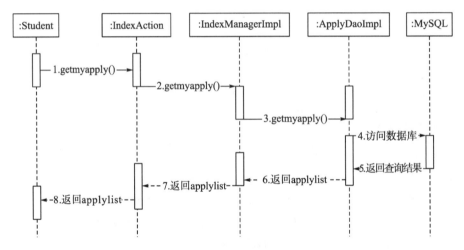

图 4.35　查询申请结果时序图

5. 成员管理模块

成员管理模块的主要功能包括查看成员信息、设置成员职位和删除成员。其活动图如图 4.36 所示。

1）查看成员信息

（1）功能设计描述：查看成员信息。

（2）相关类设计。

①AdminAction；　　　②AdminManager；　　　③AdminManagerImpl；

④UserDao；　　　　　⑤UserDaoImpl；　　　　⑥User；

⑦BaseAction；　　　　　⑧BaseDao。

(3)查看成员信息类之间的关系如图 4.37 所示。

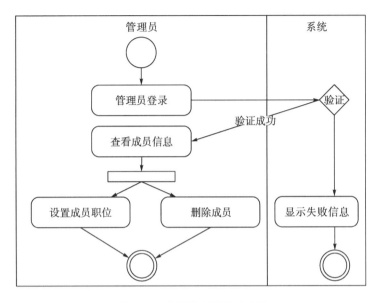

图 4.36　成员管理模块活动图

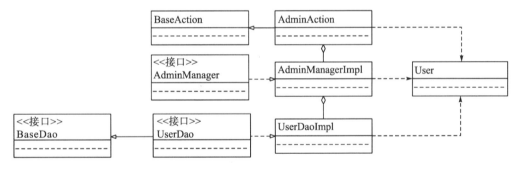

图 4.37　查看成员信息类之间的关系

(4)查看成员信息文件列表见表 4.12。

表 4.12　查看成员信息文件列表

名称	类型	存放位置	说明
userShow	.jsp	/WebRoot/admin/	查看成员信息页面
AdminAction	.java	/com.nkl.admin.action	操作查看成员信息页面的 action
AdminManager	.java	/com.nkl.manager	查看成员信息的业务逻辑接口
AdminManagerImpl	.java	/com.nkl.manager.impl	查看成员信息的业务逻辑接口实现
UserDao	.java	/com.nkl.page.dao	查看成员信息的数据访问对象接口
UserDaoImpl	.java	/com.nkl.page.dao.impl	查看成员信息的数据访问对象接口实现

名称	类型	存放位置	说明
User	.java	/com.nkl.page.domain	用户实体类
BaseAction	.java	/com.nkl.common.action	所有操作的基础 action
BaseDao	.java	/com.nkl.common.dao	所有操作的基础接口和实现

(5)查看成员信息时序图如图 4.38 所示。

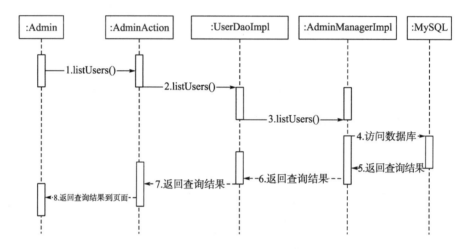

图 4.38   查看成员信息时序图

2) 设置成员职位

(1)功能设计描述：设置成员职位。

(2)相关类设计。

①AdminAction;   ②AdminManager;   ③AdminManagerImpl;

④UserDao;   ⑤UserDaoImpl;   ⑥User;

⑦BaseAction;   ⑧BaseDao。

(3)设置成员职位类之间的关系如图 4.39 所示。

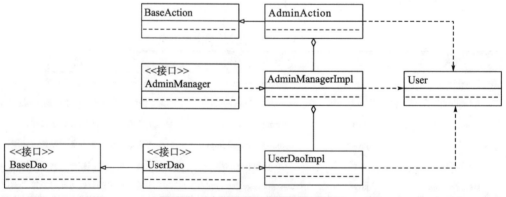

图 4.39   设置成员职位类之间的关系

(4) 设置成员职位文件列表见表 4.13。

表 4.13 设置成员职位文件列表

名称	类型	存放位置	说明
userShow	.jsp	/WebRoot/admin/	设置成员职位页面
AdminAction	.java	/com.nkl.admin.action	操作设置成员职位页面的 action
AdminManager	.java	/com.nkl.manager	设置成员职位的业务逻辑接口
AdminManagerImpl	.java	/com.nkl.manager.impl	设置成员职位的业务逻辑接口实现
UserDao	.java	/com.nkl.page.dao	设置成员职位的数据访问对象接口
UserDaoImpl	.java	/com.nkl.page.dao.impl	设置成员职位的数据访问对象接口实现
User	.java	/com.nkl.page.domain	用户实体类
BaseAction	.java	/com.nkl.common.action	所有操作的基础 action
BaseDao	.java	/com.nkl.common.dao	所有操作的基础接口和实现

(5) 设置成员职位时序图如图 4.40 所示。

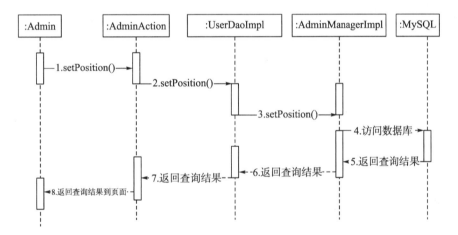

图 4.40 设置成员职位时序图

3) 删除成员

(1) 功能设计描述：删除成员。

(2) 相关类设计。

①AdminAction； ②AdminManager； ③AdminManagerImpl；

④UserDao； ⑤UserDaoImpl； ⑥User；

⑦BaseAction； ⑧BaseDao； ⑨BaseAction。

(3) 删除成员类之间的关系如图 4.41 所示。

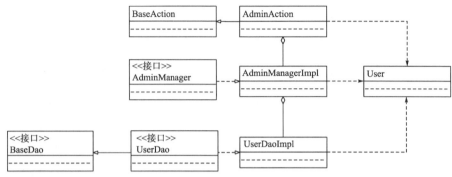

图 4.41　删除成员类之间的关系

(4)删除成员文件列表见表 4.14。

表 4.14　删除成员文件列表

名称	类型	存放位置	说明
userShow	.jsp	/WebRoot/admin/	删除成员页面
AdminAction	.java	/com.nkl.admin.action	操作删除成员页面的 action
AdminManager	.java	/com.nkl.manager	删除成员的业务逻辑接口
AdminManagerImpl	.java	/com.nkl.manager.impl	删除成员的业务逻辑接口实现
UserDao	.java	/com.nkl.page.dao	删除成员的数据访问对象接口
UserDaoImpl	.java	/com.nkl.page.dao.impl	删除成员的数据访问对象接口实现
User	.java	/com.nkl.page.domain	用户实体类
BaseAction	.java	/com.nkl.common.action	所有操作的基础 action
BaseDao	.java	/com.nkl.common.dao	所有操作的基础接口和实现

(5)删除成员时序图如图 4.42 所示。

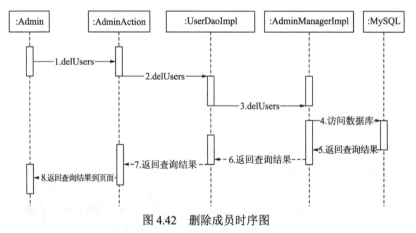

图 4.42　删除成员时序图

6. 社团管理模块

社团管理模块的主要功能如下。

(1)社团管理：包括新建社团和删除社团。新建社团活动图如图 4.43 所示，修改社团类似。

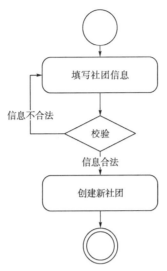

图 4.43 新建社团活动图

(2) 社团信息管理：管理员可以在该功能下查询、修改、删除社团信息（图 4.44）。

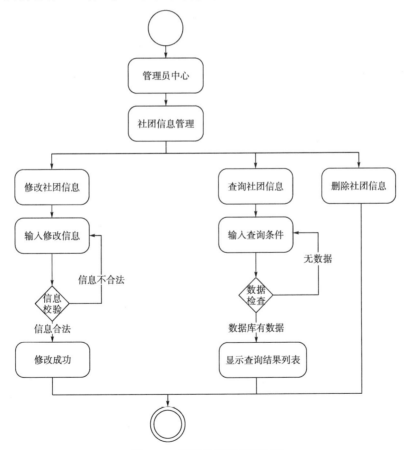

图 4.44 社团信息管理活动图

（3）社团活动管理：管理员可以在该功能下新建、查询、修改、删除社团活动（图 4.45）。

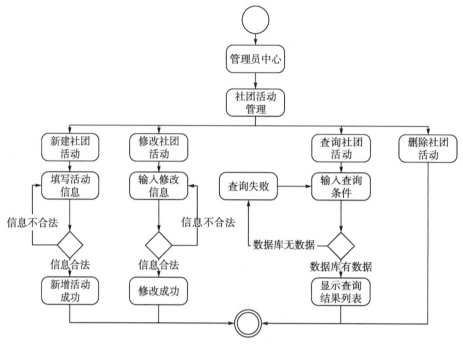

图 4.45　社团活动管理活动图

（4）社团新闻管理：管理员可以在该功能下新建、查询、修改、删除社团新闻（图 4.46）。

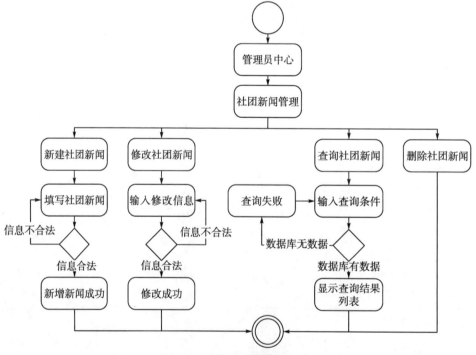

图 4.46　社团新闻管理活动图

1) 新建社团

(1) 功能设计描述：新建社团。

(2) 相关类设计。

①College；　　　　②BaseAction；　　　　③BaseDao；

④IndexAction；　　　⑤IndexManager；　　　⑥IndexManagerImpl；

⑦CollegeDao；　　　⑧CollegeDaoImpl。

(3) 新建社团类之间的关系如图 4.47 所示。

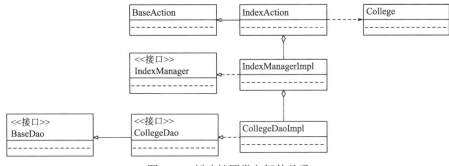

图 4.47　新建社团类之间的关系

(4) 新建社团文件列表见表 4.15。

表 4.15　新建社团文件列表

名称	类型	存放位置	说明
collegeCreate	.jsp	/WebRoot/	新建社团的页面
BaseAction	.java	/com.nkl.common.action	所有操作的基础 action
BaseDao	.java	/com.nkl.common.dao	所有操作的基础接口和实现
IndexAction	.java	/com.nkl.page.action	操作新建社团信息页面的 action
IndexManager	.java	/com.nkl.page.manager	学生用户服务接口
IndexManagerImpl	.java	/com.nkl.page.manager.impl	学生用户服务实现
CollegeDao	.java	/com.nkl.page.dao	新建操作的数据访问对象接口
CollegeDaoImpl	.java	/com.nkl.page.dao.impl	实现 dao 处理
College	.java	/com.nkl.page.domain	社团实体

(5) 新建社团时序图如图 4.48 所示。

2) 查询社团信息

(1) 功能设计描述：查询社团信息。

(2) 相关类设计。

①BaseAction；　　　②BaseDao；　　　　③AdminAction；

④AdminManager；　　⑤AdminManagerImpl；　⑥CollegeDao；

⑦CollegeDaoImpl；　⑧College。

(3) 查询社团信息类之间的关系如图 4.49 所示。

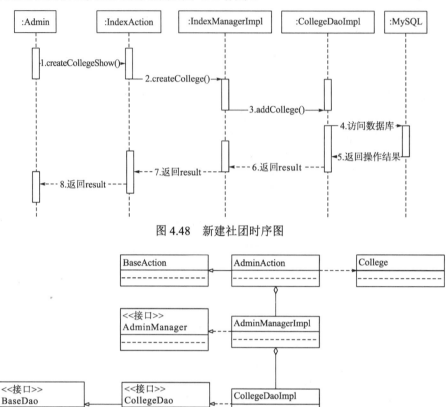

图 4.48   新建社团时序图

图 4.49   查询社团信息类之间的关系

(4) 查询社团信息文件列表见表 4.16。

表 4.16   查询社团信息文件列表

名称	类型	存放位置	说明
collegeApproveShow	.jsp	/WebRoot/admin/	后台社团审批列表页面
collegeShow	.jsp	/WebRoot/admin/	后台社团列表页面
BaseAction	.java	/com.nkl.common.action	所有操作的基础 action
BaseDao	.java	/com.nkl.common.dao	所有操作的基础接口和实现
AdminAction	.java	/com.nkl.admin.action	操作管理员查询社团信息的 action
AdminManager	.java	/com.nkl.admin.manager	管理员服务
AdminManagerImpl	.java	/com.nkl.admin.manager.impl	管理员服务实现
CollegeDao	.java	/com.nkl.page.dao	查询操作的数据访问对象接口
CollegeDaoImpl	.java	/com.nkl.page.dao.impl	实现 dao 处理
College	.java	/com.nkl.page.domain	社团实体

(5) 查询社团信息时序图如图 4.50 所示。

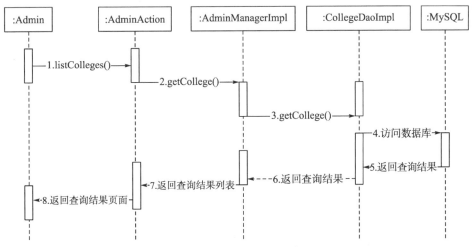

图 4.50　查询社团信息时序图

3）修改社团信息

（1）功能设计描述：修改社团信息。

（2）相关类设计。

①BaseAction；　　　　②BaseDao；　　　　　　③AdminAction；

④AdminManager；　　　⑤AdminManagerImpl；　　⑥CollegeDao；

⑦CollegeDaoImpl；　　　⑧College。

（3）修改社团信息类之间的关系如图 4.51 所示。

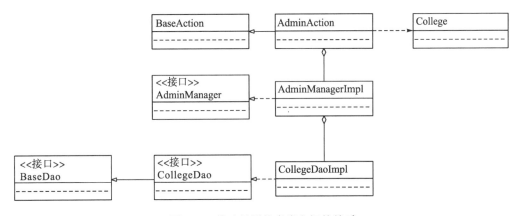

图 4.51　修改社团信息类之间的关系

（4）修改社团信息文件列表见表 4.17。

表 4.17　修改社团信息文件列表

名称	类型	存放位置	说明
collegeShow	.jsp	/WebRoot/admin/	后台社团列表页面
collegeEdit	.jsp	/WebRoot/admin/	后台社团详细信息修改页面

名称	类型	存放位置	说明
collegeNoteShow	.jsp	/WebRoot/admin/	后台社团简介列表页面
collegeNoteShow	.jsp	/WebRoot/admin/	后台社团简介修改页面
BaseAction	.java	/com.nkl.common.action	所有操作的基础 action
BaseDao	.java	/com.nkl.common.dao	所有操作的基础接口和实现
AdminAction	.java	/com.nkl.admin.action	操作管理员查询社团的 action
AdminManager	.java	/com.nkl.admin.manager	管理员服务
AdminManagerImpl	.java	/com.nkl.admin.manager.impl	管理员服务实现
CollegeDao	.java	/com.nkl.page.dao	修改(更新)操作的数据访问对象接口
CollegeDaoImpl	.java	/com.nkl.page.dao.impl	实现 dao 处理
College	.java	/com.nkl.page.domain	社团实体

(5)修改社团信息时序图如图 4.52 所示。

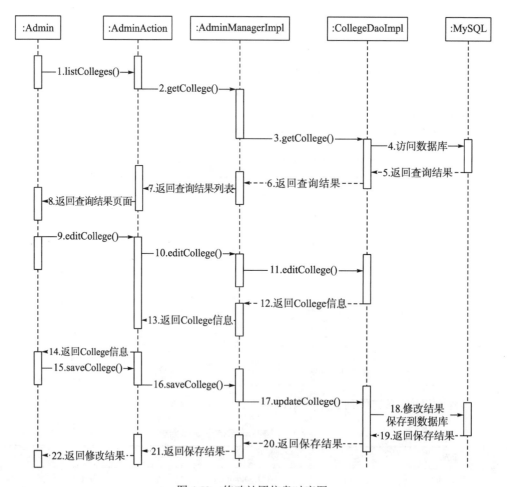

图 4.52　修改社团信息时序图

4)删除社团信息

(1)功能设计描述：删除社团信息。

(2)相关类设计。

①BaseAction；　　　　　　②BaseDao；　　　　　　③AdminAction；

④AdminManager；　　　　⑤AdminManagerImpl；　　⑥CollegeDao；

⑦CollegeDaoImpl；　　　　⑧College。

(3)删除社团信息类之间的关系如图 4.53 所示。

(4)删除社团信息文件列表见表 4.18。

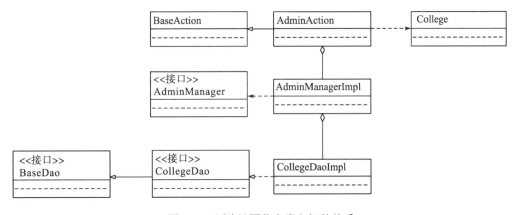

图 4.53　删除社团信息类之间的关系

表 4.18　删除社团信息文件列表

名称	类型	存放位置	说明
collegeNoteShow	.jsp	/WebRoot/admin/	后台社团简介列表页面
BaseAction	.java	/com.nkl.common.action	所有操作的基础 action
BaseDao	.java	/com.nkl.common.dao	所有操作的基础接口和实现
AdminAction	.java	/com.nkl.admin.action	操作管理员查询社团的 action
AdminManager	.java	/com.nkl.admin.manager	管理员服务
AdminManagerImpl	.java	/com.nkl.admin.manager.impl	管理员服务实现
CollegeDao	.java	/com.nkl.page.dao	修改(更新)操作的数据访问对象接口
CollegeDaoImpl	.java	/com.nkl.page.dao.impl	实现 dao 处理
College	.java	/com.nkl.page.domain	社团实体

(5)删除社团信息时序图如图 4.54 所示。

5)新建社团活动

(1)功能设计描述：新建社团活动。

(2)相关类设计。

①BaseAction;　　　　　②BaseDao;　　　　　③AdminAction;

④AdminManager;　　　⑤AdminManagerImpl;　　⑥ActivityDao;

⑦ActivityDaoImpl;　　　⑧Activity。

(3)新建社团活动类之间的关系如图 4.55 所示。

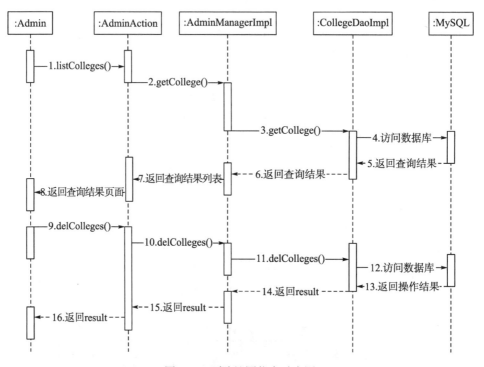

图 4.54　删除社团信息时序图

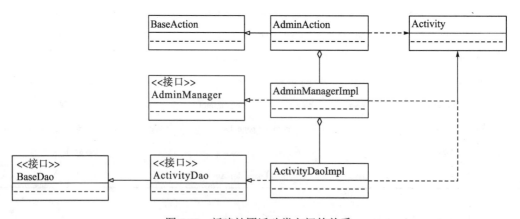

图 4.55　新建社团活动类之间的关系

(4)新建社团活动文件列表见表 4.19。

表 4.19　新建社团活动文件列表

名称	类型	存放位置	说明
activityShow	.jsp	/WebRoot/admin/	后台社团活动列表页面
activityEdit	.jsp	/WebRoot/admin/	后台社团活动新增与编辑页面
BaseAction	.java	/com.nkl.common.action	所有操作的基础 action
BaseDao	.java	/com.nkl.common.dao	所有操作的基础接口和实现
AdminAction	.java	/com.nkl.admin.action	操作管理员新建社团活动的 action
AdminManager	.java	/com.nkl.admin.manager	管理员服务
AdminManagerImpl	.java	/com.nkl.admin.manager.impl	管理员服务实现
ActivityDao	.java	/com.nkl.page.dao	新增操作的数据访问对象接口
ActivityDaoImpl	.java	/com.nkl.page.dao.impl	实现 dao 处理
Activity	.java	/com.nkl.page.domain	社团活动实体

（5）新建社团活动时序如图 4.56 所示。

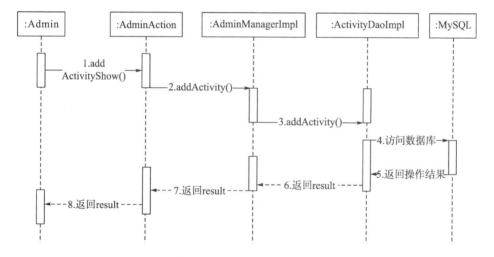

图 4.56　新建社团活动时序图

6）查询社团活动

（1）功能设计描述：查询社团活动信息。

（2）相关类设计。

①BaseAction；　　　　　②BaseDao；　　　　　③AdminAction；

④AdminManager；　　　　⑤AdminManagerImpl；　　⑥ActivityDao；

⑦ActivityDaoImpl；　　　⑧Activity。

（3）查询社团活动类之间的关系如图 4.57 所示。

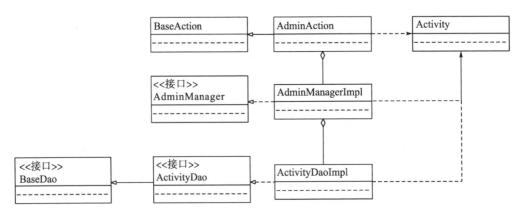

图 4.57　查询社团活动类之间的关系

(4) 查询社团活动文件列表见表 4.20。

表 4.20　查询社团活动文件列表

名称	类型	存放位置	说明
activityShow	.jsp	/WebRoot/admin/	后台社团活动列表页面
BaseAction	.java	/com.nkl.common.action	所有操作的基础 action
BaseDao	.java	/com.nkl.common.dao	所有操作的基础接口和实现
AdminAction	.java	/com.nkl.admin.action	操作管理员查询社团活动的 action
AdminManager	.java	/com.nkl.admin.manager	管理员服务
AdminManagerImpl	.java	/com.nkl.admin.manager.impl	管理员服务实现
ActivityDao	.java	/com.nkl.page.dao	查询操作的数据访问对象接口
ActivityDaoImpl	.java	/com.nkl.page.dao.impl	实现 dao 处理
Activity	.java	/com.nkl.page.domain	社团活动实体

(5) 查询社团活动时序图如图 4.58 所示。

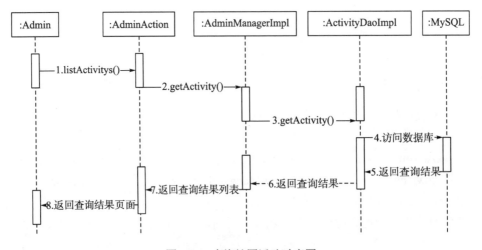

图 4.58　查询社团活动时序图

7)修改社团活动

(1)功能设计描述：修改社团活动信息。

(2)相关类设计。

①BaseAction；　　　　　②BaseDao；　　　　　　　③AdminAction；

④AdminManager；　　　　⑤AdminManagerImpl；　　　⑥ActivityDao；

⑦ActivityDaoImpl；　　　　⑧Activity。

(3)修改社团活动类之间的关系如图4.59所示。

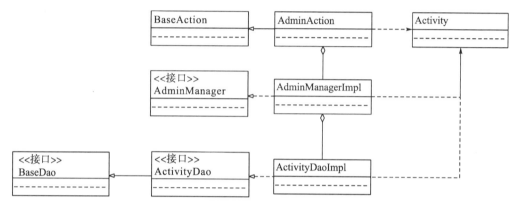

图4.59　修改社团活动类之间的关系

(4)修改社团活动文件列表见表4.21。

表4.21　修改社团活动文件列表

名称	类型	存放位置	说明
activityShow	.jsp	/WebRoot/admin/	后台社团活动列表页面
activityEdit	.jsp	/WebRoot/admin/	后台社团活动新增与编辑页面
BaseAction	.java	/com.nkl.common.action	所有操作的基础action
BaseDao	.java	/com.nkl.common.dao	所有操作基础的接口和实现
AdminAction	.java	/com.nkl.admin.action	操作管理员修改社团活动的action
AdminManager	.java	/com.nkl.admin.manager	管理员服务
AdminManagerImpl	.java	/com.nkl.admin.manager.impl	管理员服务实现
ActivityDao	.java	/com.nkl.page.dao	修改操作的数据访问对象接口
ActivityDaoImpl	.java	/com.nkl.page.dao.impl	实现dao处理
Activity	.java	/com.nkl.page.domain	社团活动实体

(5)修改社团活动时序图如图4.60所示。

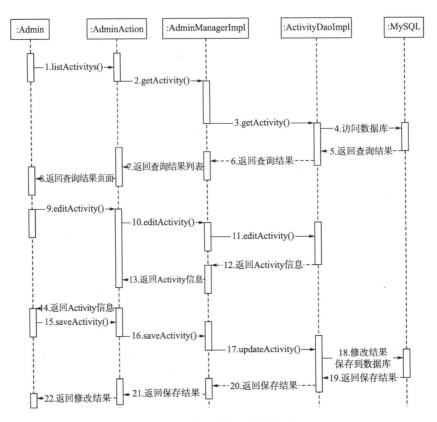

图 4.60　修改社团活动时序图

8) 删除社团活动

(1) 功能设计描述：删除社团活动信息。

(2) 相关类设计。

①BaseAction；　　　　　②BaseDao；　　　　　　　③AdminAction；

④AdminManager；　　　⑤AdminManagerImpl；　　　⑥ActivityDao；

⑦ActivityDaoImpl；　　　⑧Activity。

(3) 删除社团活动类之间的关系如图 4.61 所示。

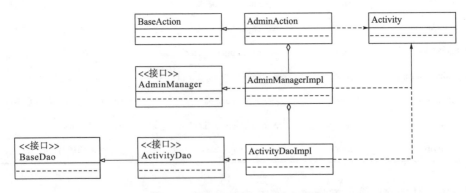

图 4.61　删除社团活动类之间的关系

(4)删除社团活动文件列表见表 4.22。

表 4.22 删除社团活动文件列表

名称	类型	存放位置	说明
activityShow	.jsp	/WebRoot/admin/	后台社团活动列表页面
BaseAction	.java	/com.nkl.common.action	所有操作的基础 action
BaseDao	.java	/com.nkl.common.dao	所有操作的基础接口和实现
AdminAction	.java	/com.nkl.admin.action	操作管理员删除社团活动的 action
AdminManager	.java	/com.nkl.admin.manager	管理员服务
AdminManagerImpl	.java	/com.nkl.admin.manager.impl	管理员服务实现
ActivityDao	.java	/com.nkl.page.dao	删除操作的数据访问对象接口
ActivityDaoImpl	.java	/com.nkl.page.dao.impl	实现 dao 处理
Activity	.java	/com.nkl.page.domain	社团活动实体

(5)删除社团活动时序图如图 4.62 所示。

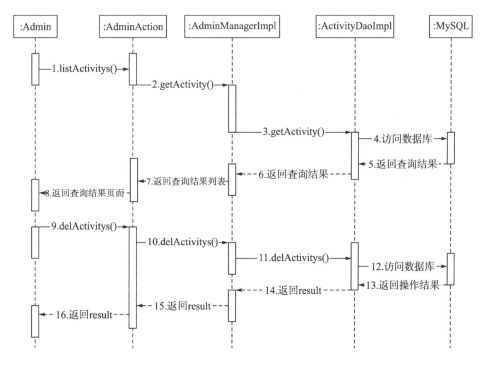

图 4.62 删除社团活动时序图

9)新建社团新闻

(1)功能设计描述：新建社团新闻。

(2)相关类设计。

①BaseAction； ②BaseDao； ③AdminAction；

④AdminManager；　　　　⑤AdminManagerImpl；　　　　⑥NewsDao；

⑦NewsDaoImpl；　　　　⑧News。

(3)新建社团新闻类之间的关系如图 4.63 所示。

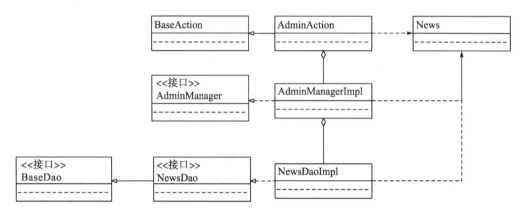

图 4.63　新建社团新闻类之间的关系

(4)新建社团新闻文件列表见表 4.23。

表 4.23　新建社团新闻文件列表

名称	类型	存放位置	说明
newsShow	.jsp	/WebRoot/admin/	后台社团新闻列表页面
newsEdit	.jsp	/WebRoot/admin/	后台社团新闻新增与编辑页面
BaseAction	.java	/com.nkl.common.action	所有操作的基础 action
BaseDao	.java	/com.nkl.common.dao	所有操作的基础接口和实现
AdminAction	.java	/com.nkl.admin.action	操作管理员新建社团新闻的 action
AdminManager	.java	/com.nkl.admin.manager	管理员服务
AdminManagerImpl	.java	/com.nkl.admin.manager.impl	管理员服务实现
NewsDao	.java	/com.nkl.page.dao	新建操作的数据访问对象接口
NewsDaoImpl	.java	/com.nkl.page.dao.impl	实现 dao 处理
News	.java	/com.nkl.page.domain	社团新闻实体

(5)新建社团新闻时序图如图 4.64 所示。

10)查询社团新闻

(1)功能设计描述：查询社团新闻。

(2)相关类设计。

①BaseAction；　　　　②BaseDao；　　　　③AdminAction；

④AdminManager；　　　　⑤AdminManagerImpl；　　　　⑥NewsDao；

⑦NewsDaoImpl；　　　　⑧News。

(3)查询社团新闻类之间的关系如图 4.65 所示。

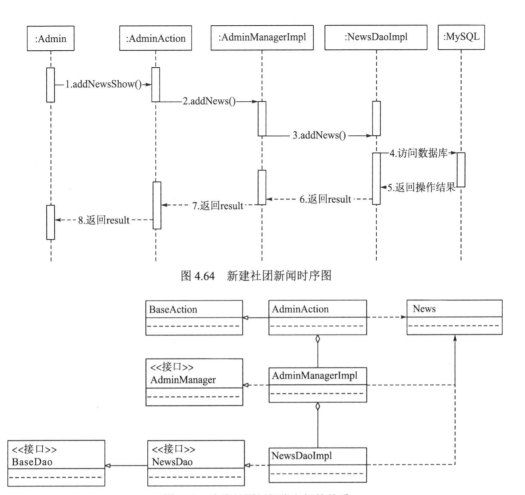

图 4.64   新建社团新闻时序图

图 4.65   查询社团新闻类之间的关系

(4) 查询社团新闻文件列表见表 4.24。

表 4.24   查询社团新闻文件列表

名称	类型	存放位置	说明
newsShow	.jsp	/WebRoot/admin/	后台社团新闻列表页面
BaseAction	.java	/com.nkl.common.action	所有操作的基础 action
BaseDao	.java	/com.nkl.common.dao	所有操作的基础接口和实现
AdminAction	.java	/com.nkl.admin.action	操作管理员查询社团新闻的 action
AdminManager	.java	/com.nkl.admin.manager	管理员服务
AdminManagerImpl	.java	/com.nkl.admin.manager.impl	管理员服务实现
NewsDao	.java	/com.nkl.page.dao	查询操作的数据访问对象接口
NewsDaoImpl	.java	/com.nkl.page.dao.impl	实现 dao 处理
News	.java	/com.nkl.page.domain	社团新闻实体

（5）查询社团新闻时序图如图4.66所示。

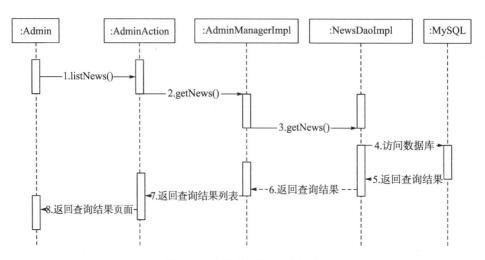

图4.66 查询社团新闻时序图

11）修改社团新闻

（1）功能设计描述：修改社团新闻。

（2）相关类设计。

①BaseAction；   ②BaseDao；   ③AdminAction；

④AdminManager；   ⑤AdminManagerImpl；   ⑥NewsDao；

⑦NewsDaoImpl；   ⑧News。

（3）修改社团新闻类之间的关系如图4.67所示。

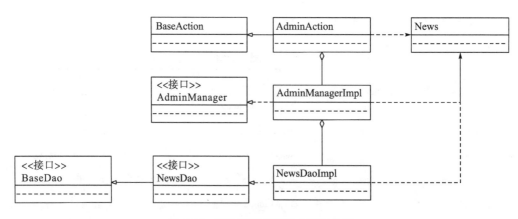

图4.67 修改社团新闻类之间的关系

（4）修改社团新闻文件列表见表4.25。

表 4.25 修改社团新闻文件列表

名称	类型	存放位置	说明
newsShow	.jsp	/WebRoot/admin/	后台社团新闻列表页面
newsEdit	.jsp	/WebRoot/admin/	后台社团新闻新增与编辑页面
BaseAction	.java	/com.nkl.common.action	所有操作的基础 action
BaseDao	.java	/com.nkl.common.dao	所有操作的基础接口和实现
AdminAction	.java	/com.nkl.admin.action	操作管理员编辑社团新闻的 action
AdminManager	.java	/com.nkl.admin.manager	管理员服务
AdminManagerImpl	.java	/com.nkl.admin.manager.impl	管理员服务实现
NewsDao	.java	/com.nkl.page.dao	修改操作的数据访问对象接口
NewsDaoImpl	.java	/com.nkl.page.dao.impl	实现 dao 处理
News	.java	/com.nkl.page.domain	社团新闻实体

(5) 修改社团新闻时序图如图 4.68 所示。

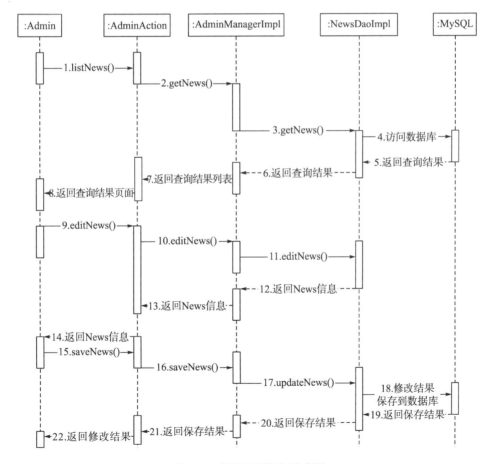

图 4.68 修改社团新闻时序图

12) 删除社团新闻

(1) 功能设计描述：删除社团新闻。

(2) 相关类设计。

①BaseAction；   ②BaseDao；   ③AdminAction；

④AdminManager；   ⑤AdminManagerImpl；   ⑥NewsDao；

⑦NewsDaoImpl；   ⑧News。

(3) 删除社团新闻类之间的关系如图 4.69 所示。

(4) 删除社团新闻文件列表见表 4.26。

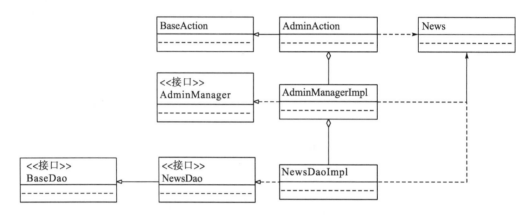

图 4.69　删除社团新闻类之间的关系

表 4.26　删除社团新闻文件列表

名称	类型	存放位置	说明
newsShow	.jsp	/WebRoot/admin/	后台社团新闻列表页面
BaseAction	.java	/com.nkl.common.action	所有操作的基础 action
BaseDao	.java	/com.nkl.common.dao	所有操作的基础接口和实现
AdminAction	.java	/com.nkl.admin.action	操作管理员删除社团新闻的 action
AdminManager	.java	/com.nkl.admin.manager	管理员服务
AdminManagerImpl	.java	/com.nkl.admin.manager.impl	管理员服务实现
NewsDao	.java	/com.nkl.page.dao	删除操作的数据访问对象接口
NewsDaoImpl	.java	/com.nkl.page.dao.impl	实现 dao 处理
News	.java	/com.nkl.page.domain	社团新闻实体

(5) 删除社团新闻时序图如图 4.70 所示。

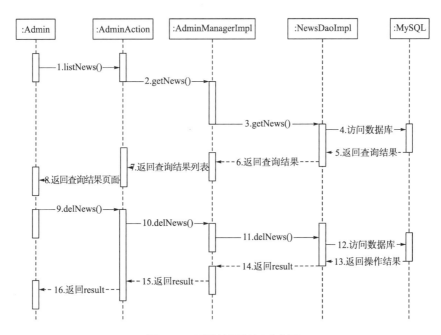

图 4.70 删除社团新闻时序图

7. 处理申请模块

处理申请模块的主要功能包括：系统管理员对社团管理员提出的申请进行查看和审批、社团管理员对成员的请求进行查看和审批。其活动图如图 4.71 所示。

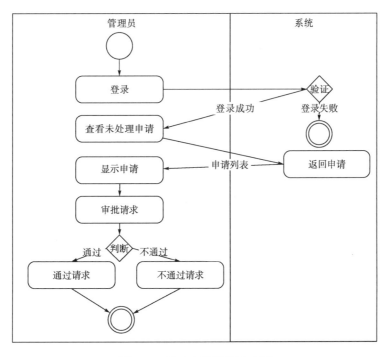

图 4.71 处理申请模块活动图

1) 查看申请

(1) 功能设计描述: 查看申请。

(2) 相关类设计。

①AdminManager;　　　　　②AdminManagerImpl;　　　　　③BaseAction;

④BaseDao;　　　　　　　　⑤AdminAction;　　　　　　　⑥Apply;

⑦ApplyDao;　　　　　　　⑧ApplyDaoImpl。

(3) 查看申请类之间的关系如图 4.72 所示。

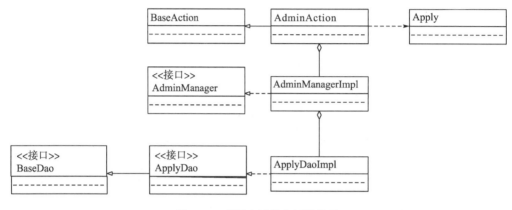

图 4.72　查看申请类之间的关系

(4) 查看申请文件列表见表 4.27。

表 4.27　查看申请文件列表

名称	类型	存放位置	说明
index	.jsp	/webroot/admin/	后台管理的首页
membershow	.jsp	/webroot/admin/	社团管理员审批入社申请等页面
collegeApproveShow	.jsp	/webroot/admin/	系统管理员申请建立社团、删除社团等页面
BaseAction	.java	/com.nkl.common.action	所有操作的基础 action
BaseDao	.java	/com.nkl.common.dao	所有操作的基础接口和实现
AdminManager	.java	/com.nkl.admin.manager	管理员服务
AdminManagerImpl	.java	/com.nkl.admin.manager.impl	管理员服务实现
AdminAction	.java	/com.nkl.admin.action	操作管理员查询申请的 action
ApplyDao	.java	/com.nkl.page.dao	操作申请表的数据访问对象接口
ApplyDaoImpl	.java	/com.nkl.page.dao.impl	实现 dao 处理
Apply	.java	/com.nkl.page.domain	申请表实体

（5）查看申请时序图如图 4.73 所示。

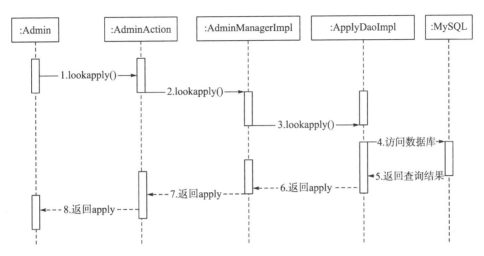

图 4.73　查看申请时序图

2）处理申请

（1）功能设计描述：处理申请。

（2）相关类设计。

①AdminManager； ②AdminManagerimpl； ③BaseAction；

④BaseDao； ⑤AdminAction； ⑥Apply；

⑦Applydao； ⑧ApplyDaoimpl。

（3）处理申请类之间的关系如图 4.74 所示。

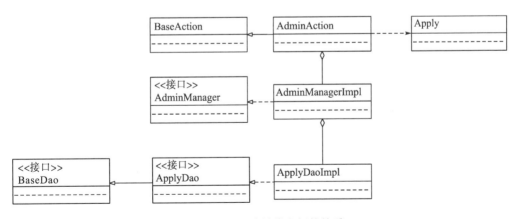

图 4.74　处理申请类之间的关系

（4）处理申请文件列表见表 4.28。

表 4.28　处理申请文件列表

名称	类型	存放位置	说明
index	.jsp	/webroot/admin/	后台管理的首页
membershow	.jsp	/webroot/admin/	社团管理员审批入社申请等页面
collegeApproveShow	.jsp	/webroot/admin/	系统管理员申请建立社团、删除社团等页面
BaseAction	.java	/com.nkl.common.action	所有操作的基础 action
BaseDao	.java	/com.nkl.common.dao	所有操作的基础接口和实现
AdminManager	.java	/com.nkl.admin.manager	管理员服务
AdminManagerimpl	.java	/com.nkl.admin.manager.impl	管理员服务实现
AdminAction	.java	/com.nkl.admin.action	操作管理员查询申请的 action
ApplyDao	.java	/com.nkl.page.dao	操作申请表的数据访问对象接口
ApplyDaoimpl	.java	/com.nkl.page.dao.impl	实现 dao 处理
Apply	.java	/com.nkl.page.domain	申请表实体

(5)处理申请时序图如图 4.75 所示。

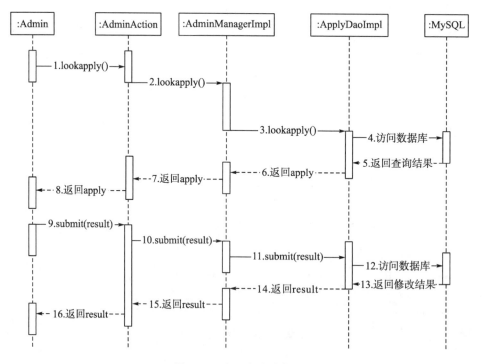

图 4.75　处理申请时序图

4.2.3 Interface Description 接口描述

(1)数据访问接口列表见表4.29。

表 4.29　数据访问接口列表

接口名称	说明	定义	来源
ActivityDao	社团活动信息的数据访问对象接口	输入参数：Activity 对象 输出参数：Activity 对象	内部接口
CollegeDao	社团信息的数据访问接口	输入参数：College 对象 输出参数：College 对象	内部接口
MemberDao	社团成员信息的数据访问接口	输入参数：Member 对象 输出参数：Member 对象	内部接口
NewsDao	新闻信息的数据访问接口	输入参数：News 对象 输出参数：News 对象	内部接口
PicnewsDao	图片新闻信息的数据访问接口	输入参数：Picnews 对象 输出参数：Picnews 对象	内部接口
UserDao	用户信息的数据访问接口	输入参数：User 对象 输出参数：User 对象	内部接口
ApplyDao	申请表信息的数据访问接口	输入参数：Apply 对象 输出参数：Apply 对象	内部接口

(2)业务逻辑接口列表见表4.30。

表 4.30　业务逻辑接口列表

接口名称	说明	定义	来源
IndexManager	普通用户的业务逻辑	输入参数：Activity 对象、College 对象、Member 对象、News 对象、Picnews 对象、User 对象、Apply 对象 输出参数：Activity 对象、College 对象 Member 对象、News 对象、Picnews 对象、User 对象、Apply 对象	内部接口
AdminManager	管理员用户的业务逻辑	输入参数：Activity 对象、College 对象、Member 对象、News 对象、Picnews 对象、User 对象、Apply 对象 输出参数：Activity 对象、College 对象 Member 对象、News 对象、Picnews 对象、User 对象、Apply 对象	内部接口
LoginManager	用户登录模块的业务逻辑	输入参数：User 对象 输出参数：User 对象	内部接口

4.3　数据库设计

4.3.1　数据库表名

(1)会员表(Uscr)。

(2)社团表(College)。

(3)社团成员表(Member)。

(4)图片新闻表(Picnews)。

(5)活动表(Activity)。

(6)新闻表(News)。

(7)留言板表(Sblog)。

(8)申请表(Apply)。

4.3.2 数据库表设计

数据库中表的结构及数据类型见表 4.31～表 4.38。

表 4.31 User 表结构

字段名称	字段表示	字段类型(长度)	主外键	约束	备注
编号	user_id	int	pk	NOT NULL	
用户名	user_name	varchar(50)		NOT NULL	
密码	user_pass	varchar(200)		NOT NULL	
安全邮箱	user_mail	varchar(50)			
昵称	nick_name	varchar(50)			
真实姓名	real_name	varchar(50)			
性别	user_sex	int			1. 男；2. 女
年龄	user_age	int			
所在院系	user_dept	varchar(200)			
注册时间	reg_date	varchar(50)			
用户类型	user_type	int		NOT NULL	1. 注册用户；2. 社团管理员；3. 系统管理员

表 4.32 College 表结构

字段名称	字段表示	字段类型(长度)	主外键	约束	备注
编号	college_id	int	pk	NOT NULL	
社团名称	college_name	varchar(50)		NOT NULL	
社团类型	college_type	varchar(50)			
社团社长	user_id	int			
创建日期	create_date	varchar(50)			
社团人数	college_persons	int			
入社社费	college_money	double			
社团照片	college_pic	varchar(225)			
社团简介	college_note	text			
初步规划	college_plan	text			
审核标志	college_flag	int		NOT NULL	1. 待审批；2. 审批通过；3. 不通过

表 4.33　Member 表结构

字段名称	字段表示	字段类型(长度)	主外键	约束	备注
编号	member_id	int	pk	NOT NULL	
社团 ID	college_id	int		NOT NULL	
社团成员 ID	user_id	int		NOT NULL	
申请时间	reg_date	varchar(50)			
申请原因	member_reason	varchar(300)			
个人爱好	member_hobby	varchar(300)			
审核标志	member_flag	int		NOT NULL	1. 待审批；2. 审批通过；3. 不通过

表 4.34　Picnews 表结构

字段名称	字段表示	字段类型(长度)	主外键	约束	备注
编号	picnews_id	int(11)	pk		
新闻标题	picnews_title	varchar(225)			
图片链接	picnews_picture	varchar(225)			
新闻内容	picnews_content	text			
发布人	picnews_admin	varchar(50)			
发布时间	picnews_date	varchar(50)			
排序	picnews_number	int(11)			

表 4.35　Activity 表结构

字段名称	字段表示	字段类型(长度)	主外键	约束	备注
编号	activity_id	int(11)	pk		
发布人	user_id	int			
活动名称	activity_title	varchar(225)			
活动内容	activity_content	text			
活动时间	activity_date	varchar(50)			
活动地点	activity_address	varchar(300)			
活动器材	activity_equip	varchar(300)			
活动经费	activity_money	double			
活动类型	activity_type	int			1. 社团活动；2. 校园活动
审核标志	activity_flag	int		NOT NULL	1. 待审批；2. 审批通过；3. 不通过

表 4.36　News 表结构

字段名称	字段表示	字段类型(长度)	主外键	约束	备注
编号	news_id	int	pk	NOT NULL	
发布人	user_id	int			
新闻标题	news_title	varchar(225)			
新闻内容	news_content	text			

续表

字段名称	字段表示	字段类型（长度）	主外键	约束	备注
图片链接	news_picture	varchar(225)			
发布时间	news_date	varchar(50)			
新闻类型	news_type	int			1. 社团新闻；2. 校园新闻
审核标志	news_flag	int		NOT NULL	1. 待审批；2. 审批通过；3. 不通过

表 4.37　Sblog 表结构

字段名称	字段表示	字段类型（长度）	主外键	约束	备注
编号	sblog_id	int	pk	NOT NULL	
留言人	user_id	int		NOT NULL	
留言标题	sblog_title	varchar(225)			
留言内容	sblog_content	text		NOT NULL	
留言时间	sblog_date	varchar(50)			
点击率	sblog_click	int			
头像	sblog_pic	varchar(225)			
审核标志	sblog_flag	int		NOT NULL	1. 待审批；2. 审批通过；3. 不通过

表 4.38　Apply 表结构

字段名称	字段表示	字段类型（长度）	主外键	约束	备注
编号	apply_id	int	pk	NOT NULL	
用户 ID	user_id	int		NOT NULL	
申请人姓名	user_name	varchar(255)		NOT NULL	
社团编号	college_id	text		NOT NULL	
社团名字	college_name	varchar(50)		NOT NULL	
申请理由	apply_reason	varchar(255)		NOT NULL	
自我优势	advantage	varchar(255)		NOT NULL	
审核标志	apply_flag	int		NOT NULL	1. 待审批；2. 审批通过；3. 不通过

4.4　原型设计

4.4.1　登录

前后台登录页面如图 4.76、图 4.77 所示。

图 4.76 前台登录页面

图 4.77 后台登录页面

4.4.2 修改个人信息

前台修改个人信息页面如图 4.78 所示。

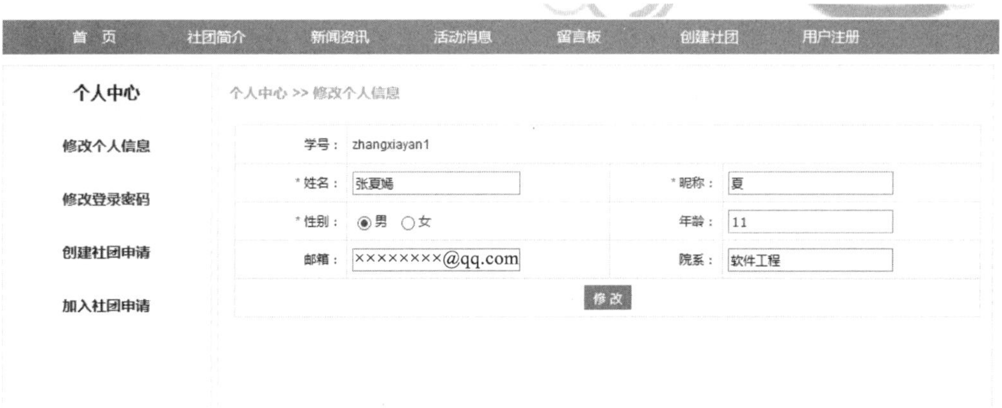

| 首 页 | 社团简介 | 新闻资讯 | 活动消息 | 留言板 | 创建社团 | 用户注册 |

个人中心		
	个人中心 >> 修改个人信息	
修改个人信息	学号： zhangxiayan1	
修改登录密码	*姓名： 张夏嫣	*昵称： 夏
	*性别： ◉男 ○女	年龄： 11
创建社团申请	邮箱： ×××××××@qq.com	院系： 软件工程
加入社团申请	修 改	

图 4.78 前台修改个人信息页面

4.4.3 查看社团简介

前台查看社团简介页面如图 4.79 所示。

当前位置: 主页 > 社团简介 >

女性向文学研究会

创建日期：2017-03-17　社团类型：人文关怀　社团社长：张

申请加入

图 4.79　前台查看社团简介页面

4.4.4　填写申请表

填写申请加入社团页面如图 4.80 所示。

当前位置: 主页 > 申请加入社团

申请加入社团

*社团名称：	女性向文学研究会
*申请原因：	锻炼自己
*个人爱好：	游泳

提交申请　　清空

图 4.80　填写申请加入社团页面

4.4.5　查看申请加入社团结果

查看申请加入社团结果页面如图 4.81 所示。

个人中心 >> 加入社团申请

社团名称	申请人	申请日期	申请原因	审批结果	操作
女性向文学研究会	张夏婳	2017-08-25	锻炼自己	待审批	

共1条，第1/1页　首页 前页 后页 末页　　GO

图 4.81　查看申请加入社团结果页面

4.4.6　新建社团

新建社团页面如图 4.82 所示。

图 4.82　新建社团页面

4.4.7　新建社团活动

后台新建社团活动页面如图 4.83 所示。

图 4.83　后台新建社团活动页面

4.4.8　新建新闻页面

后台新建新闻页面如图 4.84 所示。

图 4.84   后台新建新闻界面

4.4.9   查看新建社团申请

查看新建社团申请页面如图 4.85 所示。

图 4.85   查看新建社团申请页面

4.4.10   查看成员信息

查看成员信息页面如图 4.86 所示。

图 4.86   查看成员信息页面

4.4.11　设置成员信息

设置成员信息页面如图 4.87 所示。

编辑用户			
*学号：	zhangxiayan	*密码：	
姓名：	张	*昵称：	张
*性别：	⦿男 ○女	年龄：	11
邮箱：	×××××××@qq.com	院系：	软件工程
*身份：	2	1.普通用户；2.社团管理员	
		编 辑	

图 4.87　设置成员信息页面

4.5　代码编写

通过扫描右边二维码，可获得该项目具体实现代码。

4.6　系统测试

4.6.1　功能测试

功能测试验证了系统中所有的功能，包括：填写加入社团申请表、填写创建社团申请表、审批加入社团申请、审批创建社团申请等功能，测试用例共 245 个。通过这些测试用例，达到了排查系统漏洞的目的。

(1)填写加入社团申请表测试用例见表 4.39。

表 4.39　填写加入社团申请表测试用例

用例编号：01
原型描述：已登录的用户可以进入社团列表，点击“社团”进入“社团简介”页面，点击页面下方“申请加入”填写加入社团申请表，提交申请表；用户可以进入“个人中心”，点击“加入社团申请”，查看相应的申请结果
用例目的：填写加入社团申请表　　　　　　前提条件：项目正常安全可运行

子用例编号	输入	操作步骤	期望结果	实测结果	状态
TEST1	填写加入社团申请表 1	输入空的社团关键字，再点击搜索	搜索不到相应的社团提示输入社团关键字	一致	通过
TEST2	填写加入社团申请表 2	输入正确的社团关键字，再点击搜索	搜索成功，显示相应的搜索结果	一致	通过

(2)填写创建社团申请表测试用例见表 4.40。

表 4.40　填写创建社团申请表测试用例

用例编号：02
用例目的：填写创建社团申请表

原型描述：系统管理员可以在登录后进入"管理员中心"新建社团信息
前提条件：项目正常安全可运行

子用例编号	输入	操作步骤	期望结果	实测结果	状态
TEST1	创建社团信息不合法	点击填写社团信息，创建信息不合法	创建失败	一致	通过
TEST2	创建社团合法	点击填写社团信息，创建信息合法	创建成功	一致	通过

（3）审批加入社团申请测试用例见表 4.41。

表 4.41　审批加入社团申请测试用例

用例编号：03
用例目的：审批加入社团申请

原型描述：社团管理员对成员的请求进行查看和审批
前提条件：项目正常安全可运行

子用例编号	输入	操作步骤	期望结果	实测结果	状态
TEST1	查看申请	社团管理员登录验证失败	查看失败	一致	通过
TEST2	查看申请	社团管理员登录验证成功	查看成功	一致	通过
TEST3	申请处理	社团管理员登录验证成功，查看未处理申请列表，对请求进行判断，不通过申请	不通过申请	一致	通过
TEST4	申请处理	社团管理员登录验证成功，查看未处理申请列表，对请求进行判断，通过申请	通过申请	一致	通过

（4）审批创建社团申请测试用例见表 4.42。

表 4.42　审批创建社团申请测试用例

用例编号：04
用例目的：审批创建社团申请

原型描述：系统管理员对社团管理员提出的申请进行查看和审批
前提条件：项目正常安全可运行

子用例编号	输入	操作步骤	期望结果	实测结果	状态
TEST1	查看申请	系统管理员登录验证失败	查看失败	一致	通过
TEST2	查看申请	系统管理员登录验证成功	查看成功	一致	通过
TEST3	申请处理	社团管理员登录验证成功，查看未处理申请列表，对请求进行判断，不通过申请	不通过申请	一致	通过
TEST3	申请处理	社团管理员登录验证成功，查看未处理申请列表，对请求进行判断，通过申请	通过申请	一致	通过

4.6.2　界面测试

　　本次界面测试涵盖了系统中所有的界面，包括对界面中是否有乱码、表格是否对齐、界面图片能否显示等内容（表 4.43）。测试用例共 87 个。

表 4.43　界面测试用例

子用例编号	界面	界面测试	期望结果	实测结果	状态
TEST1	登录界面	进入用户登录界面	正常显示登录界面，并可以正常输入用户名和密码	一致	通过
TEST2	修改个人信息界面	进入修改个人信息界面	正常显示修改个人信息界面，并可以正常修改个人信息	一致	通过
TEST3	查看社团简介界面	进入查看社团简介界面	正常显示查看社团简介列表	一致	通过
TEST4	填写申请表界面	进入填写申请表界面	正常显示填写申请表界面，并且文本框能正常输入申请信息	一致	通过
TEST5	查看申请入团结果界面	进入查看申请入团结果界面	正常显示查看申请入团结果	一致	通过
TEST6	新建社团界面	进入新建社团界面	正常显示新建社团界面，并且文本框能正常输入新建社团信息	一致	通过
TEST7	新建活动界面	进入新建活动界面	正常显示新建活动界面，并可以正常输入活动信息	一致	通过
TEST8	查看新建社团申请界面	进入查看新建社团申请界面	正常显示查看新建社团申请界面	一致	通过
TEST9	查看社团成员信息界面	进入查看社团成员信息界面	正常显示查看社团成员信息界面	一致	通过
TEST10	设置社团成员信息界面	进入设置社团成员信息界面	正常显示设置社团成员信息界面，并且文本框中可以正常的设置社团成员信息	一致	通过

4.6.3　部署测试

针对本系统的部署测试主要是测试系统在 Tomcat 上能否发布成功，测试用例见表 4.44。

表 4.44　部署测试用例

用例编号：01　　　　　　　　　　　　　原型描述：将系统发布在 Tomcat
用例目的：系统正常部署　　　　　　　　前提条件：项目正常安全可运行

子用例编号	输入	操作步骤	期望结果	实测结果	状态
TEST1	部署 Tomcat	利用 Tomcat 自动部署	输入网址，可以正常进入系统，并可登录	一致	通过

参 考 文 献

[1] 张家浩. 软件系统分析与设计实训教程[M]. 北京: 清华大学出版社, 2016.

[2] 耿祥义,张跃平. Java 程序设计实用教程[M]. 北京: 人民邮电出版社, 2015.

[3] 黑马程序员. Java Web 程序设计任务教程[M]. 北京: 人民邮电出版社, 2017.

[4] Ben Watson. 编写高性能的.NET 代码[M]. 戴旭, 译. 北京: 人民邮电出版社, 2017.

[5] 肖睿, 程宁, 田崇峰, 等. MySQL 数据库应用技术及实战[M]. 北京: 人民邮电出版社, 2018.

[6] 张锡英, 李林辉, 边继龙. 数据库系统原理[M]. 哈尔滨: 哈尔滨工业大学出版社, 2016.